高职高专"十二五"创新型规划教材

模具钳工训练

■主　编　欧阳德祥　王　刚
■副主编　王立华　熊海涛　卞　平

南京大学出版社

图书在版编目(CIP)数据

模具钳工训练/欧阳德祥,王刚主编.—南京：
南京大学出版社,2012.1
高职高专"十二五"创新型规划教材
ISBN 978-7-305-09497-2

Ⅰ.①模… Ⅱ.①欧… ②王… Ⅲ.①模具-钳工-
高等职业教育-教材 Ⅳ.①TG76

中国版本图书馆 CIP 数据核字(2011)第 278004 号

出版发行	南京大学出版社	
社 址	南京市汉口路 22 号	邮编 210093
网 址	http://www.NjupCo.com	
出 版 人	左 健	
丛 书 名	高职高专"十二五"创新型规划教材	
书 名	**模具钳工训练**	
主 编	欧阳德祥 王 刚	
责任编辑	张晋华	编辑热线 010-82967726
审读编辑	孙 静	
照 排	天凤制版工作室	
印 刷	廊坊市广阳区九洲印刷厂	
开 本	787×960 1/16 印张 15 字数 317 千	
版 次	2012 年 1 月第 1 版 2012 年 1 月第 1 次印刷	
印 数	1~3000	
ISBN	978-7-305-09497-2	
定 价	28.00 元	
发行热线	025-83594756	
电子邮箱	Press@NjupCo.com	
	Sales@NjupCo.com(市场部)	

前　言

本书是以教育部高等教育司《教育部关于加强高职高专教育人才培养工作的意见》等文件中提出的对高职高专人才培养的要求为指导思想，根据模具技术发展对工程技术应用型人才的实际要求，在总结近几年模具设计与制造专业教学改革及模具制作实训经验的基础上编写的。

本书为了便于学生进行模具制作实训，在阐述模具钳工的基础知识之后，对模具的零件加工过程、装配和调试方法作了详细具体的叙述。为了提高学生的综合职业技能，以适应劳动力市场对复合型模具钳工技术人才的需要，同时为完善模具制作实训的教学，本书还介绍了模具钳工职业技能鉴定规范并附有各等级的考试样题和参考答案，以便学生在模具制作实训之后进行模具钳工等级考核，以积极推进学历证书和职业资格证书的"双证书"制度的落实。

本书取材于生产和教学实践，内容由浅入深，通俗易懂，模具加工、装配和调试内容具体，是高等职业技术学院模具设计与制造专业实训教材和模具钳工等级考核的培训教材，也可供从事模具设计与制造的技术人员和模具制作的操作人员参考。

本书编写分工如下：长沙航空职业技术学院王刚编写第1章，武汉职业技术学院王立华和熊海涛共同编写第2章，武汉职业技术学院韩森和和十堰职业技术学院卞平共同编写第3章，武汉职业技术学院欧阳德祥编写第4章，武汉工业职业技术学院李桂芹编写第5章，武汉职业技术学院张四新和湖北科技职业学院刘芳编写附录。全书由欧阳德祥和王刚担任主编，王立华、熊海涛和卞平担任副主编，欧阳德祥统稿。

武汉长江融达电子有限公司董晓华和武汉软件工程职业学院廖传林共同审阅了本书。本书在编写过程中,得到了有关企业和相关部门的大力支持和帮助。编者在此一并表示衷心感谢。

由于时间仓促,加之作者的知识水平有限,书中难免存在错误和不当之处,期待专家和读者批评指正。

编　者

2011 年 10 月

目　录

3

目　录
CONTENTS

第1章 概 述

    模具制作实训是学生毕业之前根据培养目标的要求而组织实施的一个综合实践性教学环节。通过模具制作实训能够使学生获得丰富的感性知识，掌握模具制作的基本操作方法和技能，巩固、深化已学过的专业知识，培养具有综合职业技能、高素质、适应生产一线需要的复合型模具制造技术人才，为学生毕业后从事模具设计和制造工作打下坚实的基础。

    模具制作实训一般安排在最后一学年进行。由于学生在此之前通过技术基础课、专业课的学习，经过普通钳工、机械加工的实习，已具有一定的理论知识和实际操作经验，因此在模具制作实训中贯彻以操作为主的原则，安排少量课堂教学，主要通过现场讲解示范，使学生能够很快掌握基本操作技能，达到独立操作的目的。

1.1 模具制作实训目的

    1. 掌握模具钳工的基本操作技能。

    2. 较熟练地掌握车、铣、刨、磨、线切割、电火花、数控机床、热处理等工种的操作技能，熟悉模具零件的各种机械加工和电加工方法。

    3. 能完成中等复杂程度冷冲模、塑料模具零件加工工艺编制工作。

    4. 能完成中等复杂程度冷冲模、塑料模的加工、装配、试模、检验工作。

    5. 具备分析和解决冲压、塑料成型工艺和模具设计与制造过程中的技术问题的能力。

    6. 能通过考核并达到模具钳工中级水平。

1.2 模具制作实训内容

    1. 结合课程设计审查、修改准备制作的冷冲模或塑料模的装配图及零件图。

    2. 列备料单，编制模具零件加工工艺。

    3. 实训指导老师审核学生设计的模具图样和模具零件加工工艺。

4. 指导学生熟悉、操作机床，按照图样、工艺过程进行模具零件的加工。

5. 模具装配、调整、试模、检测，冲压制件或塑料制件检验。

6. 锉配练习，按照中级钳工的标准进行考查。

7. 中级钳工考核，按照劳动部门的要求进行理论和实际操作考试。合格者颁发模具钳工中级证书。

1.3　模具制作实训的组织与要求

1. 检查实训时需要使用的机床设备是否处于正常工作状态。

2. 检查每台机床工具柜中的机床附件及工具是否齐备。

3. 准备好机床设备常用的润滑油、切削液、棉纱、毛刷等。

4. 备齐常用的量具、刀具、工具等。

5. 备齐各种类型的冲压制件、塑料制件产品图样及经指导老师审核过的模具图样和模具零件加工工艺。

6. 编制备料单，按备料单准备好模架、锻件、标准件、圆棒料及板料等。

7. 在实训前按班级名单划分实训小组，原则上按学习成绩、动手能力、男女生搭配进行分组，每小组 4 人。

8. 实训时加工的模具类型可以多样化。根据实训小组数量，安排级进模、复合模、塑料注射模各 3～4 副，让学生在实训中接触各种类型的模具结构，互相学习交流。

1.4　模具制作实训教学进程

实训教学进程的内容及教学方法与手段是以冲裁模为例编排的，塑料注射模或其他类型模具可参照执行。实训时间共 5 周，内容见表 1-1 至表 1-5。

表 1-1　模具制作实训教学进程（第一周）

日期	实习内容	教学方法与手段
第一天	1. 实习动员，明确任务； 2. 技术安全教育，发放工具、量具； 3. 发放产品零件图样和模具图样	1. 明确模具制作和模具钳工等级考核的任务和要求，使学生在制作过程中进行相关知识的学习； 2. 按组发放工具、量具，组长负责保管； 3. 发放产品零件图、模具总装图、模具零件图

（续表）

日期	实习内容	教学方法与手段
第二天	1. 审核冷冲模设计图样； 2. 学生修订、消化模具图样； 3. 讲授级进模与复合模的设计要点	1. 指导老师根据产品零件图，讲授级进模和复合模的设计要点及审查方法； 2. 学生修订、消化模具图样。检查相关尺寸及投影关系的正确性和完整性
第三天	1. 编制模具零件加工工艺； 2. 编制备料清单	学生根据自己设计的模具编制零件加工工艺，列备料清单
第四天	1. 熟悉机床，掌握操作方法； 2. 发放模具毛坯料、模架等	1. 按组分别熟悉机床、掌握各机床的操作方法，指导老师讲解各机床（车、铣、刨、磨等机床）手柄的作用及操作方法； 2. 按图样及备料单发放模具毛坯料、模架等； 3. 讲解线切割编程及线切割机床操作方法
第五天	1. 讲授模具零件加工的方法及步骤； 2. 学生操作机床加工模具零件	指导老师讲解模具零件加工的方法、步骤，讲解划线、钻穿丝孔的要求及方法
第六天	1. 攻螺纹前螺纹底孔直径的计算； 2. 铰孔余量的确定； 3. 锪孔钻头的刃磨方法	1. 讲解并演示攻螺纹、铰孔的加工方法及注意事项； 2. 学生划线、钻孔、攻螺纹、铰孔（加工凹模）

表 1-2　模具制作实训教学进程（第二周）

日期	实习内容	教学方法与手段
第一天	讲解模具零件加工方法	1. 讲解凸模、凹模的加工方法； 2. 学生操作各种机床加工零件
第二天	1. 凸模、凹模淬火和回火的方法及要求； 2. 加工模具零件	1. 现场教学，演示凹模淬火、回火的方法； 2. 各组将自己的凹模、凸模或凸凹模淬火、回火
第三天	加工模具零件	凸模、凹模回火后磨两个平面，线切割加工
第四天	加工模具零件	加工固定板、卸料板、垫板、导料板等，线切割加工凸模、凹模
第五天	加工模具零件	加工固定板、卸料板、垫板、导料板等，线切割加工凸模、凹模
第六天	加工模具零件	加工各种模具零件，线切割加工固定板、卸料板

表1-3　模具制作实训教学进程（第三周）

日期	实习内容	教学方法与手段
第一天	加工模具零件	1. 加工固定板、卸料板、垫板、导料板等； 2. 指导老师巡回指导
第二天	1. 凹模漏料孔酸腐蚀的方法； 2. 加工模具零件	1. 现场讲解并演示凹模漏料孔酸腐蚀的方法； 2. 学生分组将本组的凹模酸腐蚀； 3. 加工固定板、卸料板、垫板、导料板等
第三天	1. 上下模座的加工方法； 2. 加工模具零件	1. 现场讲解并演示上模座模柄孔的镗孔方法、下模座漏料孔的加工方法； 2. 学生加工上模座的模柄孔和下模座的漏料孔
第四天	1. 凸模与固定板的装配及刃磨两面的方法； 2. 加工模具零件	1. 讲解凸模与固定板的装配方法及刃磨两面的方法； 2. 模柄的车配加工
第五天	加工模具零件	1. 凹模漏料孔的加工； 2. 模柄的车配加工
第六天	1. 模具刻字技术； 2. 半圆形刻字铣刀的加工方法	1. 现场演示半圆形刻字铣刀的加工方法及模具上刻字的方法； 2. 学生分组练习操作

表1-4　模具制作实训教学进程（第四周）

日期	实习内容	教学方法与手段
第一天	1. 模具装配的方法、步骤和技术要求； 2. 模具装配	1. 现场教学、演示上下模的装配方法，配钻、钻铰的方法，平行夹的使用方法； 2. 凸模固定板钻孔、攻螺纹、钻铰销钉孔，通过凸模固定板配钻卸料板螺纹底孔、攻螺纹
第二天	模具装配	1. 模具装配； 2. 倒装复合模，先装上模；落料模、级进模，先装下模
第三天	1. 弹压螺钉的长度计算，在车床上车弹压螺钉及套螺纹的方法； 2. 模具装配	1. 现场教学演示模具间隙的调整方法：切纸法； 2. 模具装配调整

日期	实习内容	教学方法与手段
第四天	模具装配	模具装配调整
第五天	1. 压力机的构造、工作原理； 2. 试模； 3. 试模时常见的缺陷及解决方法； 4. 检验冲压模	1. 现场演示在压力机上安装模具、试模； 2. 学生装配好的模具在压力机上试模，如有问题重新返修直至合格（分组试模）； 3. 讲解冲压件毛刺大的原因及解决方法； 4. 检验冲压模
第六天	冲压制件的检验方法与技术要求	1. 用一典型冲压制件讲解并演示冲压制件的检验方法； 2. 学生测量、检验冲压制件； 3. 填写鉴定书

表 1-5　模具制造实训教学进程（第五周）

日期	实习内容	教学方法与手段
第一天	初、中、高级模具钳工应知应会内容	1. 讲解初、中、高级模具钳工应知应会内容； 2. 学生复习
第二天	模具钳工应会操作练习	燕尾槽锉配练习
第三天	模具钳工应会操作练习	燕尾槽锉配练习
第四天	初、中、高级模具钳工理论考试	笔试（闭卷）
第五天	初、中、高级模具钳工应会操作考试	锉配考试
第六天	1. 打扫卫生，保养机床，工具、量具验收； 2. 实习总结	1. 打扫卫生，保养机床，擦拭工具、量具并验收； 2. 学生以小组为单位进行互评，指导老师总评； 3. 学生撰写实习总结报告

第 2 章　模具钳工基础知识

2.1　极限配合与技术测量

2.1.1　尺寸、极限与配合

1. 尺寸的概念

尺寸是用特定单位表示的两点之间距离的数值。设计时给定的尺寸叫基本尺寸。

2. 公差的概念和极限偏差的概念

公差是允许尺寸的变动量，等于上偏差与下偏差的代数差的绝对值。最大极限尺寸与基本尺寸之差称为上偏差，最小极限尺寸与基本尺寸之差称为下偏差。

3. 公差数值与精度的关系

公差数值不仅与公差等级有关，还与基本尺寸有关，在同一公差等级下，基本尺寸越大，公差数值越大。

4. 未注公差的尺寸的公差等级

未注公差并非没有公差，而是未在图样上标注，国标未注公差等级在 IT18～IT12 之间。

5. 极限配合中的两种基准制

基准制是以两个相配合的零件中的一个零件为基准件，并选定标准公差带，而改变另一个零件（非基准件）的公差带位置，从而形成各种配合的一种制度，分为基孔制和基轴制。基孔制代号为 H，下偏差为 0。基轴制代号为 h，上偏差为 0。

6. 形位公差

形位公差是形状公差和位置公差的简称。

7. 加工误差的概念

在加工过程中，由于机床、刀具、夹具和操作者的技术水平存在着差别，制造出来的零件总会存在一些加工误差，它是指实际几何参数（尺寸、几何形状、相互位置和表面粗糙度等）与理想几何参数之间的偏差。

8. 基孔制与基轴制的概念及其应用

基孔制是以孔作为基准的一种设计制造方法，其下偏差为零而上偏差为正。通常，小尺寸的孔都要使用定尺寸刀具加工，如钻头、扩孔钻、铰刀、拉刀等，并且常用专用量具或专用塞规来检验孔径，采用基孔制可以减少定尺寸刀具和量具的规格。基轴制是以轴作为基准的一种设计制造方法，其上偏差为零而下偏差为负。加工轴的刀具和量具种类多，且不是定值的，改变轴的尺寸不会增加刀具和量具的数目，并且加工轴要比加工同等精度的孔容易些。因此，在机械制造中一般采用基孔制，只有个别场合才采用基轴制。

9. 模具装配中销钉与销钉孔的配合性质

销钉孔是按一定标准设计的，因此规定孔的极限尺寸固定不变，用配套的钻头、铰刀进行加工，用对应的塞规进行检验。销钉是按孔的极限尺寸大批生产的，是为了销钉孔而作储备的标准件。由于这种方法是以孔为基准，所以称为基孔制。

10. 未注公差的孔、轴及长度公差取值原则

未注公差的孔、轴长度公差取值原则是孔为 H12～H18、轴为 h12～h18，长度为 Js12～Js18 或 js12～js18。

11. 表面粗糙度及其检验方法

表面粗糙度的表面形状波距小于 1 mm。表面粗糙度应与形状误差（宏观几何形状误差）和表面波度区别开。

检验方法有样板比较法、量仪测定法。常用仪器有光切显微镜、干涉显微镜、电动轮廓仪。

12. 平面的质量评价指标

平面的质量从平面度和表面粗糙度两个方面来衡量。

13. 尺寸精度和表面粗糙度的关系

尺寸精度和表面粗糙度的关系通常是尺寸精度越高，表面粗糙度值越小。但对装饰性表面，表面粗糙度值很小，其尺寸精度并不高。

14. 配合的种类

配合分为间隙配合、过渡配合和过盈配合三种。

15. 过渡配合的概念

在一批配合零件中，既可能产生间隙，又可能出现过盈，这种介于间隙配合和过盈配合之间的配合叫过渡配合。

16. 间隙配合的概念及其应用

在配合过程中，轴的实际尺寸总是小于孔的实际尺寸，轴与孔的接合面之间存在间隙，这种存在间隙的配合称为间隙配合。例如，轴和滑动轴承、导柱和导套之间都有一定间隙，采用的是间隙配合。

17. 过盈配合的概念及其应用

在配合过程中，轴的实际尺寸都大于孔的实际尺寸，两者之间存在着过盈，必须将轴压入孔中，使孔径胀大而轴径缩小，才能进行装配，这种存在过盈的配合称为过盈配合。例如，模具装配中模柄和上模座的配合、凸模与凸模固定板的配合大多采用过盈配合。

18. 零件互换性的概念

在零件装配与互换时，在同一规格的零件中任意取一个零件，不需要再进行加工或修配就能满足使用需求，即零件的互换性。同一规格的零件不需要作任何挑选、调整或修配，就能装配到机器上去，并且符合使用性能要求，这种特性就叫互换性。

19. 实现互换性的基本条件

实现互换性的基本条件是将加工误差控制在一个规定允许的范围之内。

20. 装配方法的种类

装配方法分为完全互换法、分组装配法、调整装配法和修配装配法。

21. 最大实体边界

当被测要素遵循包容原则时，其实际状态遵循的理想边界即为最大实体边界。

2.1.2 技术测量与尺寸链

1. 塞规的通端、止端的制作尺寸及环规尺寸的基本要求

塞规的通端按被测量面最小极限尺寸制作，止端按被测量面最大极限尺寸制作。

环规通端的基本尺寸应等于工件的最大实体尺寸，止端的基本尺寸应等于工件的最小实体尺寸。

2. 块规、量规测量的制件的精度等级

块规、量规一般用于测量精度等级为 IT 7～IT 01 级的制件。

3. 辅助样板的设计原则

辅助样板的设计制作应遵循以下原则。

(1) 辅助样板应尽量简单，并能适应工作样板的测量基准。

(2) 辅助样板最好仅测量工作样板的一个表面，最多不超过两个表面。

(3) 辅助样板的型面可以用万能量具检验，或可按其他辅助样板制造。

(4) 辅助样板尽可能用于工作样板淬火前的检测，也可用于淬火后研磨时的检测。

4. 测微量具

应用螺旋微动原理制成的量具叫测微量具，常用的测微量具有外径千分尺、内径千分尺、深度千分尺等。

5. 百分表、千分表校正和检验的零件的精度等级

百分表一般用于校正和检验精度等级为 IT 8～IT 6 的零件。

千分表一般用于校正和检验精度等级为 IT 7～IT 5 的零件。

6. 保证量块使用精度的措施

保证量块使用精度的措施是进行定期检定。

7. 对组合块规块数的要求

为了减少误差，组合块规块数要少，一般不超过 4～5 块。

8. 量块的检定精度等级

量块的检定精度可划分为 1、2、3、4、5、6 级 6 个等级。其中 1 级精度最高。

9. 用正弦规测量工件时对平板的要求

用正弦规测量工件时要求在精密平板上进行。

10. 精密平板的等级

精密平板一般分为 0、1、2、3 级，其中 0 级精度最高。

11. 普通螺纹的检测方法

普通螺纹的检测方法可分为综合检测和单项检测两类。

(1) 综合检测能一次同时检测螺纹几个几何参数的尺寸。在成批生产中通常利用螺纹塞规和光滑塞规检验内螺纹，用螺纹环规和光滑卡规检测外螺纹。

(2) 单项检测是每次只检测螺纹的某一个参数，主要用于测量螺纹刀具、螺纹量块以及高精度的螺纹工件，在分析螺纹加工工艺时也应采用单项检测。

12. 螺纹精度的划分和细牙普通螺纹的表示方法

螺纹的精度分为精密、中等和粗糙三种级别。细牙普通螺纹，不但要标注外径，而且要加注螺距。

13. 尺寸链的概念

在零件加工或测量及机器装配过程中，常常遇到一些不是孤立的而是相互联系的尺寸，这些相互联系的尺寸，可按一定顺序连接成封闭形式，这样一组尺寸就是尺寸链。按应用范围分为：① 零件尺寸链；② 装配尺寸链。按在空间的位置分为：① 直线尺寸链；② 平面尺寸链；③ 空间尺寸链。

14. 封闭环的形成条件

封闭环是尺寸链中唯一的特殊环。封闭环是在加工完毕之后或装配完成时最后形成的，一般用 N 表示。

15. 解尺寸链的步骤

解尺寸链的步骤是：① 画出尺寸链图；② 确定封闭环、增环和减环；③ 进行计算。要使计算正确，必须正确地确定封闭环、增环和减环，尤其是封闭环的确定。

环数不多时采用极值法解尺寸链，环数较多、精度较高时，多用概率法解尺寸链。

2.2　金属材料与热处理

2.2.1　金属材料

1. 金属材料的力学性能

金属材料的力学性能包括强度、刚度、弹性、塑性、硬度、韧性、疲劳极限等。

2. 金属材料的工艺性能

金属材料的工艺性能是指机械零件等在加工过程中材料适应某种加工方法的能力。它包括铸造性能、锻造性能、焊接性能、热处理性能和切削加工性能等。

3. 硬度的概念及硬度表示方法

金属材料抵抗局部弹性变形、塑性变形、压痕或划痕的能力叫硬度。常用的硬度指标有布氏硬度（HBW）、洛氏硬度（HRA、HRB、HRC）、维氏硬度（HV）和肖氏硬度（HS）。

4. 铁碳合金、铁及钢的概念

合金是指熔合两种或两种以上化学元素（至少一种是金属元素）所组成的具有金属特性的物质。

由铁和碳组成的合金称为铁碳合金。

铸铁（生铁）是碳的质量分数大于 2.11％的铁碳合金。

工业纯铁（熟铁）是碳的质量分数小于 0.02％的铁碳合金。

钢是碳的质量分数 $\omega_c = 0.02\%\sim2\%$ 的铁碳合金，按碳的质量分数分为：

低碳钢——碳的质量分数 $\omega_c < 0.25\%$。如 08、10、15、20、25 号钢。

中碳钢——碳的质量分数 $\omega_c = 0.25\%\sim0.6\%$。如 30、40、45、50 号钢。

高碳钢——碳的质量分数 $\omega_c > 0.6\%$。如 T7、T8、T8A、T10A、T12A、T13A。

5. 常用合金工具钢的用途及牌号

合金工具钢有较好的红硬性及热处理工艺性，用于制造切削速度较高、形状较复杂等要求较高的工具。常用的合金工具钢有 CrWMn、Cr12MoV、9SiCr、9Mn2V 等。

6. 常用高速钢的用途及牌号

高速钢是含有高合金元素的工具钢，在 500～600 ℃ 的高温下仍保持高硬度，用于制造一些切削速度较高的刀具，常用的有 W18Cr4V、W6Mo5Cr4V2 等。

7. 铸铁的种类及牌号

铸铁的碳的质量分数一般为 2.2％～3.8％。按照碳在铸铁中的存在形式，铸铁可分为白口铸铁、灰口铸铁和麻口铸铁。按石墨形态不同，灰口铸铁又分为灰铸铁、可锻铸铁、球墨铸铁和蠕墨铸铁。灰铸铁的牌号有 HT100、HT300 等，球墨铸铁有 QT420—10 等。

8. 常用硬质合金的种类、牌号及用途

一类是由 WC 和 Co 组成的钨钴类硬质合金，代号是 YG。另一类是由 WC、TiC 和 Co 组成的钨钴钛类硬质合金，代号是 YT。钨钴类硬质合金有 YG3、YG3X、YG6、YG8 等。钨钴钛类硬质合金有 YT5、YT15、YT30 等。钨钴类硬质合金刀具常用于加工铸铁等脆性材料，钨钴钛类硬质合金刀具一般用于加工碳钢、合金钢等韧性材料。

9. 模具材料的选用原则

正确选用模具材料不但可以提高模具使用寿命，而且能够降低成本。模具材料的选用必须遵循以下原则。

(1) 根据冲压零件生产批量大小不同，选用质量高或低、耐用度好或差的模具材料。

(2) 根据冲压材料的性质，工序种类及凸模、凹模的工件条件来选择模具材料。

(3) 根据模具材料的冷热加工性能来选择模具材料。

(4) 应考虑我国钢材生产、使用情况和本公司现有条件。

10. 常用模具钢的特点

冷作模具钢（凸模、凹模材料）可分为碳素工具钢及低合金工具钢、高碳高铬工具钢、高碳中铬工具钢、高速钢和硬质合金钢等。

（1）碳素工具钢。主要有 T7A、T8A、T10A、T12A 等几种，以 T8A 最普遍，碳素工具钢是价格最便宜的工具钢，其特点是退火状态下硬度比合金钢低，切削加工性好，锻造、退火、淬火也好掌握，适宜制造尺寸不大、形状简单的冲模。其缺点（与合金工具钢比较）是淬透性和耐磨性差，淬火变形大，使用寿命短。

（2）低合金工具钢。低合金工具钢主要有 CrWMn、9CrSi、9Mn2V 等。低合金工具钢有较高的淬透性，淬火后变形小，有较高的硬度和耐磨性，适宜要求淬火变形小、形状复杂的中小型模具。

（3）高碳高铬、高碳中铬工具钢。这类钢有变形小、淬透性小、抗冲击值高、耐磨性较好等优点，广泛用于制造承受负荷大、生产批量大、热处理变形小、形状复杂的精密模具的凸模、凹模和冷挤压凹模。常用的高铬工具钢有 Cr12MoV 等，高碳中铬工具钢有 Cr4WV 和 Cr4W2MoV 等。

（4）高速钢。高速钢是一种含钨、铬、钒较多的合金，优点是能承受较大的弯曲力，比较耐磨，耐 500～600 ℃的高温、热处理变形小、在空气中冷却就可淬硬，故又叫"风钢"。一般小尺寸的凸模常用高速钢制作，高速钢有 W18Cr4V、W6Mo5Cr4V2、6W6Mo5Cr4V 等。

（5）硬质合金钢。硬质合金（与高铬工具钢和高速钢比较）有极高的硬度和耐磨性，但抗弯强度和韧性差，加工比较困难，硬质合金模具不但寿命长，而且能提高冲裁件的精度，降低表面粗糙度值，常用材料有 YG15、YG20、YG25 等。

（6）基体钢。基体钢是指成分与高速钢正常淬火基体组织成分大致相同，而性能有所改善的一类钢。一般来说，在高速钢（莱氏体）的基体成分上添加少量其他元素，适当改变其含碳量，以改善性能适应某些要求的钢种，目前都叫基体钢。典型钢种有 65Cr4W3Mo2VNb（65Nb）、7Cr7Mo2V2Si（LD）及 5Cr4Mo3SiMnVAl（012Al）等。

基体钢具有很高的抗拉强度、屈服强度、屈强比，具有一定的塑性和韧性，在高温条件下使用时红硬性好。由于碳的质量分数比高速钢低，故淬火剩余碳化物很少，韧性可以大为改善，但其耐磨性比高速钢、高铬合金钢差，故多用于热处理时容易开裂的模具。

11. 3Cr2W8V 的用途及特点

3Cr2W8V 是常用的合金工具钢，耐热性好，并适于氮化处理。由于氮化处理时零件的变形很小，因此适用于尺寸精度要求很高、形状复杂的成型零件。因有了氮化层，所以耐腐蚀性好，常用于压铸模和塑料模成型零件。

2.2.2　热处理与表面处理

1. 热处理的概念及作用

热处理是指将金属材料在固态下加热、保温和冷却，以获得所需组织和性能的一种工艺。其作用是提高钢的力学性能和使用寿命，改善加工性能。

2. 工件热处理规范中的主要工艺参数

热处理规范中的主要工艺参数包括加热速度、加热温度、保温时间、冷却速度和冷却介质等。

3. 常用的热处理工艺

常用的热处理工艺包括淬火、回火、退火、正火、调质和渗碳等。

4. 淬火的概念及目的

淬火是将钢件加热到临界点以上温度，保温一段时间，然后在水、盐水、油中（个别材料在空气中）冷却获得马氏体组织的一种热处理工艺。淬火的目的是提高钢的硬度和强度，但淬火会引起内应力改变，使钢变脆，所以淬火后必须立即回火。

5. 回火的概念及目的

回火是将淬硬的钢件加热到临界点以下的温度，保温一段时间，然后在空气中或油中缓慢冷却的热处理工艺。回火的目的是消除淬火后的内应力和脆性，提高钢的塑性和韧性。

6. 退火的概念及目的

退火是将钢件加热到临界点以上温度，保温一段时间，随炉冷却到 600 ℃以下，然后再出炉空冷的热处理工艺。退火的目的是消除铸铁件的内应力和组织不均、晶粒粗大等现象，消除钢件的冷硬现象和内应力，降低硬度，以便切削加工。

7. 正火的概念及目的

正火是将钢件加热到临界点以上温度，保持一段时间，然后在空气中冷却，冷却速度比淬火慢比退火快的热处理工艺。正火用于处理低碳钢、中碳结构钢及渗碳钢件，使其组织细化，增加其强度与韧性，减小内应力，改善切削加工性能。

8. 调质的概念及目的

淬火后高温回火称为调质，用于使钢获得较高的韧性并消除内应力，改善切削性能。

9. 表面淬火、化学热处理、渗碳及氮化的概念及其应用

使零件表层有较高的硬度和耐磨性，而内部保持原有强度、韧性的热处理方法叫表面淬火，常用于处理齿轮等。

将工件放在具有一种或数种活性元素的容器中经过加热、保温、冷却，从而改变金属表面的化学成分的一种工艺叫化学热处理，包括渗碳、渗氮、渗硼等。渗碳是向钢件表面渗入碳原子的过程，适用于低碳钢和低碳合金钢；渗氮是向钢件表面渗入氮原子的过程，适用于某些含铬、钼、铝的中碳合金钢。

10. 45 钢淬火温度及冷却剂

45 钢淬火温度为 820～840 ℃，冷却剂用水，对厚度小于 5 mm 的零件可用油作冷却剂。

11. T8A 淬火温度及冷却剂

T8A 淬火温度为 780～800 ℃，先用水冷却，再放入油中冷却。

12. Cr12MoV 淬火温度及冷却剂

Cr12MoV 淬火温度为 1 050～1 130 ℃，冷却剂用油。

13. 常用的淬火介质

常用的淬火介质是水、矿物油、$\omega_{NaCl}=10\%$水溶液及$\omega_{NaOH}=10\%$水溶液。

14. 影响工件淬火保温时间的因素

工件淬火保温时间与工件有效厚度有关，工件越厚，保温时间越长，电炉淬火一般为 1～1.2 min/mm。

15. 硬度与回火的关系

已淬硬的钢件，回火温度越高，硬度越低。

16. 热处理常见的缺陷

热处理常见的缺陷是：① 软点及硬度不足；② 过热和过烧；③ 氧化和脱碳；④ 变形和开裂。

17. 钢的表面处理的目的及常用的表面处理方法

提高钢的表面抗蚀能力和增加外表美观是钢的表面处理的主要目的。钢的表面处理的常用方法有发蓝、发黑、磷化、电渡等。

18. 发蓝的概念

发蓝是将钢铁件在一定氧化介质中进行化学处理，得到一层色泽美观、弹性良好的保护性氧化膜的过程。发蓝主要用于提高机械零件、弹簧、枪支及化学仪器的防蚀性能。

19. 磷化处理的概念

磷化是将金属件浸入磷酸或磷酸盐溶液，在一定温度下进行一系列化学反应后，在金属表面形成一层稳定的、不溶于水的磷酸盐保护膜的化学处理方法。

20. 电镀的概念

电镀是一种电化学过程。它是将零件作为阴极，金属板作为阳极，一起浸入金属盐的溶液中，接直流电源后，在阳极和阴极上进行氧化还原反应，从而在零件上沉积所需的镀层。

21. 电解加工方法

电解加工是利用金属工件在电解液中产生阳极溶解作用而进行加工的方法。

2.3 机械制造技术

2.3.1 基本概念与基本知识

1. 工艺规程、工序及工艺过程卡

将组成工艺过程的各项内容归纳写成文件的形式，一般称为工艺规程。工序就是一个（或一组）工人在同一个固定的工作地点，对一个或几个工件连续完成的那一部分加工过程。将工艺规程写在一定形式的表格上，这种表格称为工艺过程卡。

2. 工艺过程卡的主要内容

工艺过程卡的主要内容有加工要求、装夹方法、加工步骤、操作要点、工艺参数和检测方法等。表格形式为工序名称、工艺内容、所用设备及工装等。

3. 制定工艺规程的原则

制定工艺规程应遵循以下原则：① 先进性；② 经济性；③ 安全性；④ 可靠性；⑤ 合理性。

4. 工艺管理

科学地计划、组织和控制各项工艺工作的全过程称为工艺管理。

5. 机械加工的质量管理的内容

机械加工的质量管理的内容包括备料工序的质量管理、加工工序的质量管理、装配工序的质量管理。

6. 机构及机械设计中常用的机构

机构是由两个以上的构件按一定的形式连接起来的，且互相之间具有确定的相对运动的组合体。机械设计中常用的机构有连杆机构、凸轮机构、间歇机构和组合机构等。

7. 激光技术在机械制造领域的用途

激光技术在机械制造领域用于对硬质、难熔的材料打孔、切割、焊接、刻字等。初期主要用于微细加工，目前已发展到大尺寸和厚材料的加工，其应用范围已越来越广泛。

8. 激光被聚焦后焦点处的温度

激光被聚焦后焦点处的温度可达 10 000 ℃左右。

2.3.2 机械加工设备与冲压塑压设备

1. 机械加工常见机床的类别代号

表示车床、铣床、刨床、磨床、钻床、镗床，分别用 C、X、B、M、Z、T 表示，即汉语拼音的第一个字母。

2. 模具加工常用的机床

模具加工常用的机床有车床、铣床、刨床、磨床（平面磨床、外圆磨床、内圆磨床、坐标磨床、成形磨床）、镗床、坐标镗床、电火花机床、线切割机床、钻床、数控车床、数控铣床和加工中心等。

3. 压力机的类型

根据传动部分的结构形式，压力机分为杠杆式、摩擦式、偏心式、液压式和曲轴式压力机。根据工艺特征，压力机又分为普通和专用压力机，如单动、双动、三动压力机。单动压力机常用于完成一般冲压工序，双动或三动压力机用于拉深及精密冲裁工序。

4. 摩擦式压力机的特点

摩擦式压力机价格低廉，当超负荷时，仅仅只引起飞轮与摩擦盘之间的滑动，而不致破坏机件，它适用于弯曲大而厚的工件、压印成形和温热挤压等冲压工作。其缺点是飞轮轮缘磨损大、生产率低。

5. 偏心式压力机的特点

偏心式压力机的特点如下。

（1）行程不大，但可适当调整，适宜于冲裁、压弯和浅拉深工件。

（2）生产效率高，用手工送料时每分钟可达 50～100 次，而用机械化自动送料时，在小型冲床上每分钟可达 700 次以上。

6. 曲轴式压力机的特点

曲轴式压力机的特点：曲轴的偏心距为定值，所以行程一般不能调整，但曲轴式压力机在床身内有多个轴承对称支承着，所以机床所受的载荷较均匀，能制成大行程和大吨位的重型机床。有时为了冲压高度大的工件，冲床台面可制成升降的或转动的形式。

7. 双动压力机的特点

双动压力机主要用于拉深工件。在单动压力机上拉深工件时，压边力来源于模具，因而增加了模具的复杂程度。同时，压边力的大小及拉深的高度也受到一定的限制。

双动压力机上有两个滑块，外滑块用于压边，内滑块用于拉深，两者动作互不干涉，可分别调整。

8. 数控线切割机床的类型及切割工具的材料

数控线切割机床有快走丝、慢走丝两种类型。慢走丝线切割机床一般用铜丝作切割工具进行加工，快走丝线切割机床一般用钼丝作切割工具进行加工。

9. 电火花加工常用的电极材料

电火花加工常用的电极材料有石墨、紫铜、黄铜、低碳钢等。表面粗糙度值要求较小时常用紫铜作电极材料。

10. 热固性塑料和热塑性塑料零件的主要成型设备

压机是热固性塑料压缩成型的主要设备，分类方法较多，主要有以下两种：按传动性质分为机械式、液压式和气动式；按操作方式又分为手动式、半自动式和自动式。

注射成型机是注射成型各种热塑性塑件的主要设备。近年来，它在注射成型热固性塑件中也得到应用。注射机的分类方法也很多，按塑化方式分为柱塞式和螺杆式注射机；按合模方式分为液压-机械式和液压式注射机；按外形结构分为立式、卧式、直角式注射机；按操纵方式分为手动式、半自动式、自动式注射机；按注射能力分为超小型（锁模力 400 kN 以下）、小型（锁模力 400~2 000 kN，注射量 60~500 cm³）、中型（锁模力 3 000~6 000 kN，注射量 500~2 000 cm³）、大型和超大型（锁模力 8 000 kN，注射量 2 000 cm³ 以上）注射机。

11. 齿轮传动的机床主轴变速时的注意事项

齿轮传动的机床主轴变速前应停车，变速手柄必须扳到规定位置，不能放在两个位置中间，以防打坏变速齿轮。

12. 万能分度头的用途

万能分度头可进行任意等分的分度；可以将工件轴线安装水平、垂直或倾斜位置；通过挂轮可使工件在纵向进给时作连续旋转，铣削螺旋面；分度头还可以用于划线或检验。

13. 万能分度头的分度原理

万能分度头的分度原理是手柄上的蜗杆头数是 1，主轴上的蜗轮齿数为 40，当手柄摇过一圈时，分度头主轴转过 1/40 圈。

14. 万能分度头的分度方法

万能分度头的分度方法有简单分度法、差动分度法和近似分度法等。

15. 砂轮机的搁架和砂轮间的距离以及砂轮的正确旋转方向

砂轮机的搁架和砂轮间的距离一般应保持在 3 mm 以内。砂轮向下旋转，磨屑朝下飞溅。

16. 制动器的作用

制动器是制止和降低整个机器或部件的运动和速度的装置。

17. 提升电动葫芦的制动器摩擦面有油污时产生的后果

提升电动葫芦的制动器摩擦面有油污时，会导致制动不可靠。

18. 线电压和相电压的概念

在三相四线制中，火线与火线之间的电压称为线电压，火线与中线之间的电压称为相电压。

19. 电气设备规定的安全电压的最高值及接地电阻

为保护人身电压安全，在正常情况下，电气设备规定的安全电压的最高值是 36 V。接地电阻不大于 10 Ω。

20. 机械设备的维修形式

机械设备的维修有大修、中修、小修、项修、二级保养等几种形式。

21. 机械设备拆卸时的步骤

机械设备拆卸时一般先拆外部，后拆内部，先拆上部，后拆下部。

22. 机械装配的阶段

机械装配分为以下几个阶段。

（1）装配前的准备阶段。

（2）装配阶段。

（3）调整、检验和试车阶段。

（4）上漆和装箱。

2.3.3 机械加工工艺与刀具

1. 顺铣、逆铣的概念及精铣采用顺铣的原因

铣刀和工件接触部分的旋转方向与工件的进给方向相同叫顺铣，铣刀和工件接触部分的旋转方向与工件的进给方向相反叫逆铣。精铣时，刀齿的切削厚度从最大减至零，没有逆铣时的滑行现象，也不会出现工件上下振动，工件表面质量高，所以精铣时，切削力小，为了减小加工表面的表面粗糙度，最好采用顺铣。

2. 普通立铣刀和键槽铣刀的用途

普通立铣刀的圆柱刀刃担负主要切削作用，端面刀刃担负修光作用，但端面刀刃不到中心，有 3 个或 4 个螺旋刀齿。立铣刀用于铣削台阶、水平面和沟槽，主要用于立式铣床。

普通键槽铣刀的外形与立铣刀相似，但键槽铣刀的端面刀刃到中心，且只有两个螺旋刀齿。因此，键槽铣刀的端面刀刃可以担负主要切削作用，作轴向进给，直接切入工件。键槽铣刀主要用于铣削轴上的键槽。

3. 锯片铣刀的用途及在使用时的注意事项

锯片铣刀用于切断工件和铣窄槽，主要用于卧式铣床。锯片铣刀是带孔的铣刀，安装在刀杆上，在不影响加工精度的情况下，应尽可能使铣刀靠近铣床主体，并使支架尽量靠近铣刀，以增加刚性。铣刀装好后应先装好支架轴承，再拧紧锁紧螺母，压紧铣刀；而不应先拧紧锁紧螺母，后装支架，以防刀杆弯曲。刀杆上的垫圈两端面必须保持平行，不得有毛刺或者粘有油污，以免夹歪铣刀，或者弄弯刀杆。

安装铣刀时，应注意铣刀的刃口必须和主轴的旋转方向一致，否则无法切削，还会损坏铣刀。

4. T 形铣刀的用途

T 形铣刀用于铣削 T 形槽。

5. 铣削用量的选择原则

铣削用量的选择原则包括以下几个方面。

（1）粗铣和精铣。粗铣时因加工余量大，应将铣削深度取大一些，进给量大一些，铣削速度慢一些；精铣时加工余量小，为了保证加工表面的粗糙度和尺寸精度要求，应适当提高铣削速度，并减少进刀量。

（2）工件材料。铣削铸铁时，由于表面有硬皮，内部有气孔、杂质等缺陷，为了保护刀尖铣削深度应取大一些。铣削铝合金、黄铜等有色金属，一般可以提高铣削用量。

（3）刀具材料。高速钢的红硬性比硬质合金差得多，因此使用高速钢铣刀时，其铣削用量应比硬质合金铣刀小得多，目前高速钢铣削速度一般在 30 m/min 以下。

（4）机床刚度。在刚性较差的铣床上铣削时容易发生振动，因此铣削用量应小些。

6. 切削用量的三要素

切削用量的三要素是指切削速度、进给量和背吃刀量。

7. 外圆车刀几何角度的标注

外圆车刀的几何角度标注如图 2-1 所示。

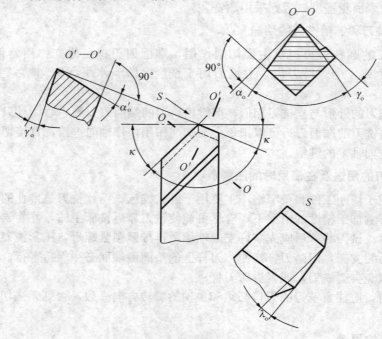

图 2-1 外圆车刀的几何角度

8. 对刀具耐用度影响最大和最小的切削用量

对刀具耐用度影响最大的是切削速度，对刀具耐用度影响最小的是切削深度。

9. 中速切削易产生的现象

中速切削易产生积屑瘤。

10. 粗车时切削用量的选择

粗车时为了提高生产率，应优先考虑选取较大的切削深度。

11. 粗加工时刀具后角的选择

粗加工时为便于应用大的切削量，确保刀具强度，应取较小的后角。

12. 加工表面的含义

加工表面是指刀具切削刃正在切削着的工件表面，也就是待加工表面与已加工表面间的过渡表面。

13. 刀具材料的硬度与其耐磨度的关系

材料硬度越高，其耐磨性越好。

14. 常用刀具切削部分的材料硬度值

常用刀具切削部分的材料硬度值一般应在 60 HRC 以上。

15. 高速工具钢适合制作的刀具

制造精度较高、刀刃形状复杂并且用于切削钢材的刀具时可采用高速工具钢。

16. 硬质合金、高速钢、合金工具钢、碳素工具钢制作的刀具切削时的耐热温度

硬质合金的耐热温度为 800～1 000 ℃，高速钢的耐热温度为 500～600 ℃，合金工具钢的耐热温度为 350～400 ℃，碳素工具钢的耐热温度为 250～300 ℃。

17. 硬质合金刀片采用机械夹固的形式

硬质合金刀片采用机械夹固的形式有偏心式、杠销式、杠杆式、斜楔式、上压式、拉垫式和压孔式。

18. 硬质合金、高速工具钢刀具切削时，合适切削用量的判断方法

可以根据切屑的颜色判断切削用量是否合适。若用高速钢刀具切削钢件时，出现银白色和黄白色的切屑，说明所选择的切削用量是恰当的，用硬质合金刀具切削钢件时，若切屑是蓝色的，说明所选择的切削用量合适。

19. 刀具磨损的原因及刀具磨损的主要部位

刀具磨损主要有两个原因：机械摩擦、热效应。刀具磨损的部位有后刀面、前刀面及前后刀面同时磨损。

20. 选择刀具前角的原则

刀具前角的选择主要由加工材料决定，当加工塑性材料时应选较大的前角，当加工脆性材料时选用较小的前角。

21. 车削时用一夹一顶的方法装夹工件时产生倒锥现象的原因

产生倒锥现象的原因是后顶尖轴线不在车床主轴轴心线上。

22. 车螺纹时防止"乱扣"的方法

车螺纹时，先检查车床丝杠的螺距是不是工件螺纹的整数倍，如果不是，为避免"乱扣"，可采用退刀时开反车，不抬起开合螺母的倒顺车法。

23. 钻孔、铰孔时注入切削液的目的

钻孔时注入切削液的目的是冷却，铰孔时注入切削液的目的是以润滑为主。

24. 磨削高碳钢、合金钢、耐热钢等工件时，防止产生烧伤及裂纹的方法

提高工作台的移动速度是降低磨削温度最有效的措施。其次是减小磨削深度；选择粒度号较小的砂轮或将砂轮修整粗糙些，以减少发热；增加切削液的流量以增强散热能力。

25. 砂轮粒度的选择原则

粒度是表示磨料颗粒大小的参数。砂轮的粒度对磨削表面粗糙度和磨削效率有很大影响。磨粒大，磨削深度可以增加，每颗磨粒切去的金属多，切削效率高，但表面粗糙度差；反之磨粒小，砂轮单位面积上的磨粒多，参加切削的刃口也多，每一颗磨粒在工件切出的沟纹小，表面粗糙度效果好，但切削效率低。粒度号越大，表示磨料颗粒越小；反之，粒度号越小，表示磨料颗粒越大。

2.3.4 夹具

1. 夹具的概念及夹具的分类法

使零件获得正确定位且定位后夹紧，不会因施加外力产生位移的工艺装备称为夹具。

按用途分为通用夹具和专用夹具。

按夹紧方式分为夹紧、压紧、拉紧、顶紧四种。

按施力方式分为手动、液压、气动和电磁等。

2. 工件定位和夹紧的作用

使用夹具加工工件时，为了保证加工精度，必须使工件在夹具中得到正确的定位和夹紧。所谓定位，就是将工件限制在夹具中准确的位置上，有了定位装置，工件就不需要划线，也不用费很多时间找正。工件夹紧后，在切削力作用下，不会改变工件在夹具中的原始位置，也不会发生变形。

3. 夹具的六点定位原理

物体在空间有六个变位的可能，即沿三个直角坐标轴 x、y、z 移动的三个自由度和绕三个轴转动的三个自由度，共六个自由度。因此，要使物体在空间有准确的相对位置，就必须消除这六个自由度，才能正确定位。用合理分布的六个抽象支承点就可以限制物体的六个自由度，这一原理叫六点定位原理，也叫六点定则。

2.4 普通钳工

2.4.1 划线

1. 划线的作用

划线的作用如下。

（1）通过划线，确定零件加工面的位置及余量，使其在下道工序加工时有明确的尺寸界限。

（2）能及时发现毛坯的质量问题。当毛坯误差不大时，可通过划线借料予以补救。对形状或位置误差较大而无法补救的毛坯件，则不再转入下道工序，从而避免不必要的加工浪费。

2. 划线基准及划线基准的分类

在划线时，作为确定工件各部分尺寸、几何形状及相对位置的依据，称为划线基准。划线基准可分为尺寸基准和校正基准两种。

3. 常见的三种尺寸基准

常见的尺寸基准有以下三种。

（1）以两个互相垂直的平面为基准。

（2）以一个平面和一条中心线为基准。

（3）以两条互相垂直的中心线为基准。

4. 平面划线和立体划线的概念

平面划线是指仅在工件的一个平面上进行的划线；立体划线是指在工件的两个或两个以上平面上进行的划线。

5. 在工具制造中常用的立体划线方法和特点

在工具制造中，最常用的立体划线方法是直接翻转零件法。

用直接翻转零件法划线的优点是便于对工件进行全面检查，并能在任意平面上划线。其缺点是工作效率低，劳动强度大，调整找正较困难。

6. 平面划线和立体划线的基准数目

平面划线一般要选择 2 个基准，立体划线一般要选择 3 个基准。

7. 适合采用平面样板划线法的零件

对于形状复杂、批量大、精度要求一般的零件常选用平面样板划线的方法进行划线。

8. 选择划线基准时，使尺寸基准与设计基准重合的原因

尺寸基准与设计基准重合可简化换算，提高划线质量。

9. 借料及借料划线的一般步骤

在按划线基准进行划线时，若发现零件某些部位加工余量不够，则通过试划和调整，将各部位的加工余量重新分配，以保证各部位的加工表面都有足够加工余量的划线方法，称为借料。

借料的一般步骤如下。

（1）测量毛坯件的各部位尺寸，划出偏移部位和确定偏移量。

（2）确定借料的方向和大小，划出基准线。

（3）按图样要求，以基准线为依据，划出其余所有的线。

（4）检查各表面的加工余量是否合理，不合理则应继续借料并重新划线，使各表面都有合适的加工余量。

10. 畸形工件划线的工艺要点

畸形工件划线的工艺要点如下。

（1）划线的尺寸基准应与设计基准重合。

（2）工件安置基面应与设计基准面重合。

（3）正确借料，减少和避免工件报废，提高划线质量。

（4）合理选择支承点，确保工件安置平稳，安全可靠，调整方便。

11. 大型工件划线时选择支承点的方法

大型工件划线时应当保证安全，一般要用三点支承，且这三点尽可能分散，以保证工件的重心落在这三点所构成的三角形的中心部位。

12. 划线使用的涂料

在铸铁件表面划线时使用白石灰水，在铜和铝合金工件表面划线时使用蓝油或墨汁。

13. 划线的一般步骤

划线的一般步骤如下。

（1）仔细研究图样，确定划线基准。

（2）划线前检查、测量毛坯是否适用、是否需要借料。

（3）清除毛坯表面的污物，并涂以适当的涂料。

（4）先划基准线，再划水平线、垂直线、斜线、圆弧和曲线。

（5）检查划线的正确性，并打样冲眼。

2.4.2 锉削

1. 锉刀的分类

（1）按齿的排列分为单齿纹锉和双齿纹锉。

（2）按齿的粗细分为粗齿锉、中齿锉、细齿锉和油光锉。

（3）按断面形状分为平锉（板锉）、半圆锉、方锉、三角锉、圆锉。

（4）按长度分为 12 in①、10 in、8 in、6 in、4 in。

此外还有锉削特殊表面用的整形锉，又叫什锦锉或组锉。

2. 锉削的方法

锉削平面有交叉锉法、顺向锉法、推锉法。锉削圆弧面有滚锉法和横锉法。

3. 锉削时检查工件平面度的方法

其检查方法如下。

（1）用直尺或刀口尺以透光法检查。

（2）在平台上用涂色法检查。

2.4.3 铆接

1. 铆接的种类

按铆钉直径大小不同，铆接可以分为冷铆、热铆、混合铆。

按应用的目的不同，铆接又可分为活动铆接、固定铆接。

2. 铆接半圆头铆钉的工艺步骤

铆接半圆头铆钉的工艺步骤如下。

（1）将板料互相贴合。

（2）划线钻孔、孔口倒角。

（3）铆钉插入孔内。

（4）用压紧冲头压紧板料。

（5）用锤子镦粗伸出部分，并初步铆打成形，然后用罩模修整。

---

① in＝25.4mm。

3. 选择铆接工具不当，可能造成的废品形式

罩模工作面不光洁会造成铆合头不光洁；罩模凹坑太大会造成工作表面有凹痕。

4. 由于铆接时操作不当，可能造成的废品形式

铆钉歪斜、铆钉孔未对准或镦粗铆合头时不垂直会造成铆合头歪斜；铆接时锤击力过大，罩模弹回时棱角碰在铆合头上会造成铆合头不光洁或有凹痕；镦粗时锤击方向与工件不垂直会造成沉头铆钉的沉头座未填满；铆钉孔直径太小或孔口未倒角会造成铆钉头未贴紧工件；罩模歪斜会造成工作表面有凹痕；板料未压紧会造成工件之间有间隙。

2.4.4 锯削

1. 手用锯条的材料

手用锯条一般是用碳素工具钢或合金钢制造，并经热处理淬硬。

2. 手用锯条粗、中、细锯齿的齿距

手用锯条粗齿的齿距为 1.6 mm，中齿齿距为 1.2 mm，细齿齿距为 0.8 mm。一般锯割多用中齿锯条。

3. 锯割时避免锯条折断的措施

锯割时避免锯条折断一般有如下几个措施。

（1）锯条安装时的松紧程度要合适，太紧、太松都易折断。

（2）锯割薄板工件易弹动，应用两块木板将工件夹持住，否则锯条易折断。

（3）起锯角度要小。如果起锯角度太大，锯齿勾住工件的棱边，用力推锯的时候，锯齿就会折断。

（4）推锯的速度不能太快，压力也不能太大。

（5）用新锯条沿旧的锯路锯削时应特别小心。

（6）锯齿的粗细选择应合适。

2.4.5 刮削

1. 刮削前应做的准备工作

刮削前的准备工作包括选择合适的刮刀、配备油石及显示剂，选择研具及选择合适的刮削余量等工作。

2. 平面刮花的目的和常见的花纹种类

平面刮花的目的是为了增加美观及储油，以增加工件表面的润滑，减少工件表面的磨损。常见的花纹有燕翅花、月牙花、鱼鳞花等。

3. 刮削时刮刀的位置

粗刮时,三角刮刀应放在正前角位置,刮出的切屑较厚,刮削速度较快。细刮时,刮刀的位置应具有较小的负前角,刮出的切屑较薄,通过细刮,能获得均匀分布的研点。精刮时,刮刀的位置应具有较大的负前角,刮出的切屑很薄,可获得较高的表面质量。

4. 原始平板常用的刮削方式

用三块平板采取互研互刮的方法刮削。

5. 精刮平板进入细刮工序的标准

在 25×25 面积上,有 4～6 个点方可进入细刮。

6. 刮削精度表面质量显示点的标准

以 25×25 面积内接触点的数目表示,粗刮 4～6 点,细刮 8～12 点,精刮 20 点以上。

7. 刮削时使用的显示剂

常用的显示剂有红丹粉和蓝油。红丹粉适用于铸铁件和钢件,蓝油适用于铜合金和巴氏合金。

8. 刮削的步骤

刮削的时候分为粗刮、细刮、精刮和刮花四个步骤。

9. 刮削的原理及作用

刮削的时候,刮刀的负前角起着推挤的作用,它不但起切削作用,而且还起着压光的作用。因此,刮削表面的组织比机械加工的表面组织严密,表面粗糙度值小,贴在一起的滑动面间有无数的接触点,因此滑动阻力小,磨损小。

2.4.6 研磨

1. 研磨的目的

研磨的目的是减小微观几何形状误差(减小表面粗糙度值),提高工件的尺寸精度,使工件获得准确的几何形状和位置精度。

2. 研磨的原理

用比工件软的材料做研磨工具,在研磨工具上放置研磨剂,在工件和研具之间的压力作用下,部分磨料嵌入研具表面,使研具像砂轮一样具有无数的切削刃,研磨时工件和研具之间作复杂的相对运动,由于磨料的切削、滑动、滚动和挤压的作用,工件表面被切去一层极薄的材料。由于挤压作用,加工表面更光洁,耐磨性、抗腐蚀性和抗疲劳强度都得到了提高。

3. 研磨量规的侧面应采用的运动轨迹

研磨量规的侧面应按 8 字形运动方向进行研磨。

4. 研磨量具的研具材料

研磨量具的研具常用低碳钢制成。

5. 研磨导套的研具材料

研磨导套的研具常用球墨铸铁制成。

6. 超精研磨的研磨方式

超精研磨一般采用干研方式研磨。

7. 常用磨料系列

常用磨料系列有氧化物系、碳化物系、金钢石系，另外还有氧化铁、氧化铬（抛光）等。

8. 手工研磨运动轨迹的种类、特征及其用途

手工研磨运动轨迹的种类、特征及其用途如下。

（1）直线运动轨迹。轨迹易重叠，被研工件表面质量差，但几何精度高，一般用于有台阶或狭长平面的研磨。

（2）直线摆动运动轨迹。被研工件表面的几何精度高，表面质量好，一般用于双斜面直尺、样板角尺圆弧测量面的研磨。

（3）螺旋形运动轨迹。被研工件表面的平面度误差小，表面质量好，适用于对圆柱形工件的端面进行研磨。

（4）8 字形运动轨迹。被研工件的平面几何精度和表面质量都很好，一般用于小平面的研磨。

9. 内孔研磨时，造成孔口扩大的主要原因

内孔研磨时，造成孔口扩大的主要原因如下。

（1）研磨剂涂抹不均匀。

（2）研磨时孔口挤出的研磨剂未及时擦去。

（3）研磨棒伸出太长。

（4）研磨棒与工件孔之间的间隙太大，研磨时，研具对于工件孔的径向摆动太大。

2.4.7 钻削

1. 麻花钻头的几何角度

麻花钻头的几何角度如图 2-2 所示。

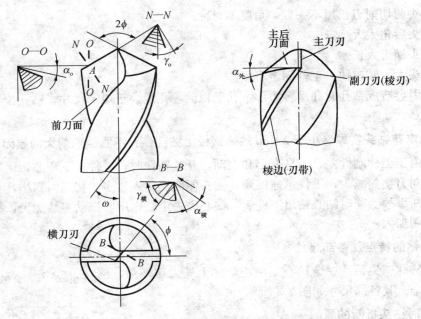

图 2-2 麻花钻头的几何角度

2. 防止锪孔时产生弊病的措施

防止锪孔弊病的常用方法如下。

(1) 选用合适的刀具几何参数,在刃口处磨一条后角为 0°的狭窄刃带。

(2) 选用合适的锪削速度,可以利用停机后主轴惯性来切削。

(3) 选用合适的切削液。

(4) 工件和锪钻应装夹牢固。

(5) 用麻花钻改制的锪钻要尽量短,以减少振动。

3. 横刃斜角的大小对钻孔的影响

横刃斜角的大小与后角的大小有关,如果后角过小,横刃斜角就增大,横刃也增大,进刀的阻力增加,钻头就容易折断。如果后角过大,横刃斜角就减小,工作时钻头容易钻歪。一般横刃斜角为 55°。

4. 钻孔时产生振动的原因及对加工质量的影响

钻孔时产生振动的主要原因如下。

(1) 钻床主轴径向跳动太大;钻床主轴与工作台不垂直。

(2) 钻夹头三爪磨损,造成钻头摆动。

（3）钻头两切削刃长短不一致，角度不对称。

（4）钻头后角太大。

（5）钻头横刃太长。

（6）钻头大，转速快，工件固定不紧。

以上原因会造成钻孔时孔呈多边形，孔壁粗糙，孔径大于规定尺寸，钻孔位置偏移或歪斜等现象。

5. 标准麻花钻头在厚度小于 2 mm 的薄钢板上钻孔，孔不圆、毛刺大的原因

钻孔时由于工件刚性差，容易变形和振动，开始钻孔时，工件向下弯曲，而当钻心钻穿工件时，轴向力突然减少，工件迅速回弹，钻头便突然切入过多，切削力骤增，从而发生扎刀或钻头折断事故。同时钻心钻出工件后，钻心失去定心作用，振动突然加大，使得钻出的孔不圆，毛刺加大。

6. 薄板钻的特点及各部尺寸

薄板钻又称三尖钻。一个钻心定中心，两个外尖切外圆，钻孔平稳又安全。其各部尺寸如图 2-3 所示。

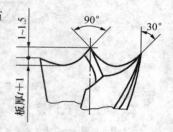

图 2-3　薄板群钻

7. 钻孔时钻头折断的原因

钻孔时钻头折断的主要原因如下。

（1）用钝钻头工作。

（2）钻屑堵住钻头的螺旋槽。

（3）进给量太大。

（4）孔刚钻穿时，进刀阻力迅速减小，突然增加进刀量。

（5）工件松动。

（6）小钻头钻孔时，转速太慢，而进刀量过大。

8. 钻头迅速磨损的原因

钻头迅速磨损的主要原因如下。

（1）切削速度过快。

（2）钻头工作时未加冷却液。

（3）钻头刃磨的角度与工件硬度不适应。

9. 钻孔时钻出的孔径大于规定尺寸的原因

钻孔时钻出的孔径大于规定尺寸的主要原因如下。

（1）钻头上两主切削刃长度不等，顶角不对称。

（2）钻头摆动。

10. 钻孔时孔呈多角形的原因

钻孔时孔呈多角形的主要原因如下。

（1）钻头后角太大。

（2）钻头两切削刃长短不一致，或角度不对称。

11. 麻花钻头主切削刃上各点的前角数值

一般钻头在外圆处的前角为 30°左右，由外圆向中心逐渐减小，靠近横刃上的前角则是 −30°左右，横刃上的前角为 −54°～−60°。

12. 钻削用量的选择原则

在硬材料上钻孔，转速要慢，进给量要小。在软材料上钻孔，转速要快，进给量要大。小钻头钻孔，转速要快，进给量要小。大钻头钻孔，转速要慢，进给量要大。

13. 当孔即将钻通时工件摆动大的原因

钻孔时轴向力较大，钻床悬臂产生弹性变形，当孔即将钻通横刃露出时，工件失去定心作用，轴向力减少 50%左右，弹性变形恢复使钻头下沉，切削面积突然增大造成工件摆动增大。工件如未夹紧时容易甩出去，而且钻头容易折断。

14. 钻斜孔的方法

钻斜孔的方法如下。

（1）斜面放置成水平面，对准孔的中心钻浅坑，然后，逐渐加大倾斜角度，相应地钻深浅坑，最后斜面到达所需倾斜角时，将孔钻好。

（2）先用中心钻钻出锥孔，再用钻头钻出位置正确的孔。

（3）在斜面上铣出一个平面或预孔，然后换上钻头进行钻孔。

15. 提高扩孔质量的措施

提高扩孔质量常采取下列措施。

（1）采用合适的刀具几何参数、合适的切削用量，并选用合适的切削液。

（2）钻孔后，在不改变工件和机床主轴相互位置的情况下，立即换成扩孔钻进行扩孔。

（3）扩孔前，先用镗刀镗削一段直径与扩孔钻相同的导向孔，改善导向条件。

（4）利用夹具导套引导扩孔钻扩孔。

2.4.8 铰削

1. 铰削余量的选择原则

如果铰削余量太小，铰削时就不能将上道工序遗留的加工痕迹全部切除，同时刀尖圆弧半径和刃口圆弧半径的挤压摩擦严重，使铰刀磨损加剧。如果铰削余量太大，则会增大刀齿的切削负荷，破坏铰削过程的稳定性，并产生较大的切削热，影响被铰削孔的精度。所以，铰削余量要选择适当，不宜过大或太小。

2. 铰孔时造成孔径扩大的原因

铰孔时造成孔径扩大的原因如下。

（1）铰刀与孔的中心不重合，铰刀偏摆过大。

（2）进给量或铰削余量太大。

（3）铰削速度太快。

（4）铰刀直径不符合要求。

（5）铰孔时两手用力不均匀而有侧向力。

（6）铰孔时没有加润滑油。

（7）铰刀磨钝。

（8）铰锥孔时没有用锥销检查。

3. 铰刀损坏的原因

（1）铰刀过早磨损。其原因如下。

① 刃磨时未及时冷却，使切削刃退火。

② 切削刃表面粗糙，初期磨损量大。

③ 切削液选用不当，或切削液未能顺利地流入切削区域。

④ 工件材料过硬。

（2）铰刀崩刃。其原因如下。

① 铰刀前后角太大，使切削刃强度减弱。

② 机铰时铰刀偏摆过大，切削载荷不均匀。

③ 铰刀退出时反转，使切屑卡入切削刃与孔壁之间。

④ 刃磨时切削刃已有裂纹。

（3）铰刀折断。其原因如下。

① 铰削用量太大，工件材料过硬。

② 铰刀已被卡住，仍继续猛力扳转，使铰刀受力过大。

③ 两手在铰杠上用力不均匀，铰刀中心线和被铰孔的中心线不重合。

4. 铰孔的加工余量

孔的公称直径小于 5 mm 时，加工余量为 0.1～0.2 mm；公称直径为 5～20 mm 时，加工余量为 0.2～0.3 mm。

5. 铰孔的加工精度

铰孔的加工精度可达 IT9～IT7。

6. 可调式铰刀最小直径范围

可调式铰刀最小直径范围为 11.9～13.5 mm。

7. 铰完孔后不能反转退刀的原因

铰完孔后，如铰刀反转，切屑挤在铰刀后刀面和孔壁之间，使孔壁划伤，使铰刀磨损或刀刃崩裂。

8. 铰孔时表面粗糙度达不到要求的原因

铰孔时表面粗糙度达不到要求的原因如下：
(1) 铰孔余量太大或太小。
(2) 铰刀的切削刃不锐利。
(3) 没有使用润滑液或使用不合适的润滑液。
(4) 切削速度太快。
(5) 铰刀退出时反转。

9. 铰孔时孔呈多角形的原因

铰孔时孔呈多角形的原因如下。
(1) 铰削余量太大，铰刀振动。
(2) 铰孔前底孔不圆。

2.4.9 攻螺纹与套螺纹

1. 确定攻螺纹时螺纹底孔尺寸的方法

(1) 查表法（见有关手册）。
(2) 常用计算公式。
对脆性材料（铸铁、青铜等）：

$$d_0 = d - 1.1P$$

对韧性材料（钢、黄铜等）：

$$d_0 = d - P$$

式中　d_0——底孔的直径，mm；
　　　d——螺纹外径，mm；
　　　P——螺距，mm。
(3) 经验计算公式。

对 M14 以下的普通三角形螺纹，初学者记不准螺距或没有手册可查阅时的计算公式如下：

$$d_0 = d \times 0.85$$

式中　d_0——底孔直径，mm；

　　　d——螺纹大径，mm；

　　　0.85——经验系数，mm。

2. 攻螺纹时丝锥折断的原因

攻螺纹时丝锥折断的主要原因如下。

（1）丝锥与工件不垂直。

（2）攻螺纹时没有定时反转。

（3）没有加润滑油或润滑油使用不当。

（4）底孔过小或材料太硬。

（5）攻螺纹时两手用力不均匀。

（6）攻不通孔时攻到孔底而继续用力。

3. 确定套螺纹时圆杆直径的方法

套螺纹前的圆杆直径应比螺纹大径小 0.1～0.2 mm。

4. 手攻螺纹的操作要点

手攻螺纹的操作要点如下。

（1）检查底孔直径及孔口倒角，选择合适的切削液。

（2）工件装夹正确，尽可能使螺纹中心线置于水平或垂直位置。

（3）起攻时应将丝锥放正，用一只手掌按住铰杠中部，沿丝锥中心线施加压力，并按顺时针方向旋进，另一只手握住铰杠柄，配合作顺向旋转；也可用两手握住铰杠两端均匀施加压力，并作顺向旋转。

（4）当丝锥攻入底孔 1～2 圈后，用目测或借助直角尺检查并校准丝锥与工件表面的垂直度。

（5）当丝锥切削部分全部切入工件后，应停止对丝锥施加压力，平稳地转动铰杠，利用丝锥螺纹自然引进。

（6）丝锥每旋进 1～2 圈，要反转 0.5 圈左右，使切屑折断后容易排出。

（7）攻制不通孔螺纹时，要在丝锥上做好深度标记，并经常退出丝锥清除螺孔中的切屑。

（8）换用丝锥时，应先用手将丝锥旋入已攻出的螺孔中，直到手旋不动时再用铰杠攻螺纹。

（9）在攻制材料较硬的螺孔时，应先用头攻丝锥切除大部分余量，再用二攻丝锥加工至标准螺丝尺寸并修光。

（10）攻制通孔螺纹时，丝锥的校准部分不能全部攻出头。

（11）丝锥退出时，应先用铰杠平稳地反向旋转，当能用手直接旋动丝锥时，应停止使用铰杠。

5. 从螺孔中取出断丝锥的常用方法

在攻螺纹过程中，如果操作不当会发生丝锥折断，这时应根据丝锥折断的情况采取相应的办法，将折断的丝锥从螺孔中取出来。

（1）如丝锥折断部分露出孔口，可用钳子拧出，或用尖錾、样冲抵在断丝锥的容屑槽中，顺着退出的方向轻轻敲击。

（2）如丝锥断在近孔口处，可用自制的旋取器将丝锥取出；也可用钢丝插入丝锥断屑槽内将断丝锥旋出。

（3）如上述方法仍不能取出断丝锥时，可用电火花将断丝锥熔掉；也可在丝锥断面上堆焊弯杆或螺母，然后扳动堆焊物取出断丝锥。

（4）在工件允许退火的情况下，对断丝锥退火，然后将断丝锥钻出。

6. 手工套螺纹的操作要点

手工套螺纹的操作要点如下。

（1）工件应装夹在硬木制成的 V 形钳口或软金属制成的衬垫中，并使圆杆套螺纹部分尽量靠近钳口。

（2）保持板牙的端面与圆杆轴线垂直。

（3）起套时，用一只手掌按住板牙架中部，沿圆杆轴线施加压力，并转动板牙架，另一只手配合顺向切进。转动要慢，压力要大。

（4）在板牙切入圆杆 2～3 圈后，再次检查其垂直度误差，如发现歪斜要及时纠正。

（5）当板牙切入圆杆 3～4 圈后，应停止施加轴向压力，平衡地转动板牙架，利用板牙螺纹自然引进。

（6）在套螺纹过程中应经常反向旋转，以避免切屑过长。

（7）套螺纹时应选择合适的切削液。

2.4.10 錾切与成形

1. 錾切铸铁材料的注意事项

錾切铸铁材料快到尽头时应调头从另一头錾掉余下部分，以避免材料碎裂。

2. 材料的矫正方法

材料的矫正方法有扭转法、弯曲法、延展法、伸展法等。

3. 钢板恢复平直的方法

钢板因变形而中部凸起，为使其恢复平直，常采用延展法。

4. 弯曲管子的注意事项

直径小于 13 mm 的管子可以用冷弯，直径大于 13 mm 的管子就要用热弯。管子弯曲的曲率半径不能小于管子直径的 4 倍。管子大于 10 mm 时要用砂灌满，灌砂时用木棒敲击管子，使砂子密实，两端用木塞塞紧，这样才能防止圆杆弯曲时变扁。为防止热空气膨胀冲出木塞，应将木塞钻孔，保障人身安全。

2.5　冲压模具设计与制造

2.5.1　冷冲压、冷冲模的概念

1. 冷冲压的概念

冷冲压是指在常温下，利用安装在压力机中的模具，对材料施加压力，使其产生分离或塑性变形，从而获得一定形状、尺寸的工件的压力加工方法。

2. 冷冲模的概念

冷冲模是冷冲压加工中将材料（金属或非金属）加工成工件或半成品的一种特殊的工艺装备。

2.5.2　冷冲模设计的基本知识

1. 冷冲模设计的基本要求

冷冲模设计的基本要求如下。

（1）应保证冲压出符合图样要求的冲压件。

（2）模具结构合理，既要考虑模具的制造工艺条件，又要考虑成本。

（3）在充分考虑模具强度、耐磨性的前提下，设计模具应结构简单、安装牢固、经久耐用。

（4）操作安全，维修方便。

2. 冷冲模设计的步骤

冷冲模设计必须在了解工件图样及其技术条件、生产批量、现有冲压设备的技术规格和本单位模具制造能力的前提下进行，设计步骤根据设计人员本身的熟练程度和习惯而定。

（1）冲裁件工艺分析。分析冲裁件结构形状、尺寸精度、所用材料等是否符合冲裁工艺性要求，对不满足工艺性要求的应采取相应的措施。

　　（2）确定冲裁工艺方案。在工艺分析的基础上，确定冲裁件的工序性质、数量、工序组合和先后顺序以及模具形式。在几种可能的工艺方案中通过分析比较，选取其中能满足现有生产条件且成本最低的一种方案。

　　（3）模具结构设计。根据确定的冲裁工艺方案，设计各工序的冲压模具时，必须确定合理的排样和进行必要的工艺计算。在考虑结构时，应选择典型组合标准模架、定位装置、卸料装置等，最后绘制冲模的装配图和非标准件零件图。零件图上应包括零件材料、尺寸、精度、表面粗糙度及其他技术要求。

　　（4）对装配图和零件图进行审核。

3. 冲模设计时压力机的选择方法

　　冲压设备选择是冲压工艺及模具设计中的一项主要内容，它直接关系到设备的安全和合理使用，同时也关系到冲压工艺过程能否顺利完成以及模具寿命、产品质量、生产效率、成本高低等一系列问题。

　　（1）根据冲压工艺性质选择冲压设备类型。

　　① 中小型冲裁件、弯曲件或拉深件的生产，主要应用具有弓形床身的单柱机械压力机。大中型冲裁件，多采用双柱结构形式的机械压力机。

　　② 大量生产或形状复杂零件的生产，应尽量选用高速冲床或多工位自动压力机。

　　③ 薄板零件冲裁要尽量选用高精度的压力机。

　　④ 校平、校正、弯曲等校形冲压工艺应尽量选用刚性高的压力机。

　　（2）冲压设备规格的确定。

　　① 冲裁时压力机的公称压力必须大于冲压力（冲裁力、推料力、卸料力及顶出力总和）的 1.3 倍。

　　② 压力机行程的大小应保证毛坯的放入与成形零件的取出。

　　③ 工作台面必须保证模具能正确地安装到工作台面上，并有压板安装位置。

　　④ 所选定的压力机的闭合高度应大于冲模的闭合高度。

　　⑤ 模柄的长度应小于滑块中模柄孔的深度，模柄直径应与滑块中的模柄孔径相适应。

　　⑥ 漏料孔必须大于凹模型孔以保证落料畅通。

4. 闭合高度的概念、压力机的闭合高度与模具闭合高度

　　压力机的闭合高度是指滑块在下止点位置时，滑块底面到工作台表面之间的距离。冲模的闭合高度是指冲模的上模与下模闭合时，上模座顶面到下模座底面之间的距离。冲模的闭合高度应介于压力机最大闭合高度与最小闭合高度之间。

装模高度等于压力机闭合高度减去垫板厚度；最大装模高度等于压力机最大闭合高度减去垫板厚度；最小装模高度等于压力机最小闭合高度减去垫板厚度。若冲模的闭合高度小于压力机的最小闭合高度，则要在模具底下加垫板。

5. 压力中心的概念以及确定压力中心的方法

冲裁的压力中心就是冲裁时合力的作用点。

要使模具正确而平稳地工作，必须使压力中心与模具模柄的中心重合，压力中心可用解析法（力矩法）或图解法求得。

6. 影响冲裁力的主要因素以及冲裁压力的计算方法

影响冲裁力的主要因素是材料厚度与材料力学性能、冲裁件周边长度、冲裁间隙大小、刃口锐利程度和润滑情况等。

计算冲裁力主要根据以下三种因素。

τ——材料抗剪强度，MPa；

L——冲裁周边总长，mm；

δ——材料厚度，mm。

冲裁力 F 按公式 $F=K_p\delta L\tau$ 计算。式中 K_p 是安全系数，一般取 1.3。

7. 冷冲模垫板、凸模固定板、凸模和凹模常用材料

冷冲模垫板常用中碳钢制成，如 45 钢；凸模固定板常用低碳钢制成，如 Q235 等；凸模、凹模常用碳素工具钢或合金工具钢制成，如 T8A、T10A、T12A、Cr12MoV、CrWMn 等。

8. 设计凹模时，多孔凹模的孔边距与孔间距

多孔凹模刃口除了满足孔和各边缘之间距离 $C=(1.5\sim2)H$（H 为凹模板厚度）外，其刃口与刃口之间的孔间距也必须有足够的距离，否则凹模强度会降低，最小一般不小于 5 mm。

9. 设计复合模中的凸凹模时应注意的问题

复合模中的凸凹模，其外形作为落料凸模，内孔又作为冲孔凹模。因此，设计时应充分注意其孔边与外形和孔与孔之间的最小壁厚，壁厚过小，会使凸凹模强度降低，影响冲模使用寿命，一般倒装复合模的壁厚不能小于冲裁材料厚度的 1.5 倍。

10. 复合模顺装、倒装的特点

倒装复合模，生产效率高，制造简单，但凸凹模壁厚要求较大。顺装时，冲孔废料用推杆或推板推出，在凸凹模内不积聚废料，因此顺装复合模的凸凹模壁厚小于倒装复合模。当凸凹模壁厚较薄时，采用顺装。

11. 复合模冲裁件的毛刺方向

复合模冲裁件的毛刺在同一方向上。

12. 冲裁间隙对冲裁件断面质量和模具寿命的影响

当间隙过小时，凸、凹模受到金属的挤压作用增大，从而增加材料对凸、凹模的摩擦、磨损，降低了模具寿命。但在相同条件下，小间隙会使拉应力减小，挤压作用增大，光亮带宽度增加，圆角、毛刺、斜度、翘曲等有所减小，零件质量较高，但容易出现二次光亮带。

当间隙过大时，材料易产生裂纹，光亮带变窄，断裂带、圆角带增宽，毛刺、斜度较大。对于薄材料，又有拉入凹模的危险，一旦拉断，毛刺变长。

只有当间隙合理时，毛刺高度较小且变化不大，材料对凸、凹模的摩擦作用大大减小，模具寿命较长。

13. 冲裁件断面的特征

冲裁件断面的特征有圆角带、光亮带、断裂带和毛刺。

14. 提高冲裁件质量的方法

为了提高冲裁精度，获得光滑断面，通常采用三种方式：整修、精冲、光洁冲裁（小间隙加圆角刃口）。

15. 整修的概念及整修余量

整修是将普通冲裁后所得到的毛坯，利用整修模，沿冲裁件外缘或内孔刮去一层薄的切屑，以去掉粗糙不平的断面与锥度，得到光滑而垂直的断面。整修余量不是很大，通常在 0.05~0.12 mm 之间。

16. 常用的挡料销的结构形式

常用的挡料销的结构形式有固定式挡料销、活动挡料销、始用挡料销。

17. 导正销的作用及选择方法

导正销是级进模中的精密定位零件，在普通级进模中与固定挡料销配合使用，在精密级进模中与侧刃配合使用，在自动模中可以单独使用。

当材料太软或太薄时，因材料易变形而导致定位不准，不宜采用导正销。

18. 模柄的结构形式及在设计模柄时应注意的问题

模柄的结构有压入式模柄、旋入式模柄、凸缘模柄、浮动式模柄、通用模柄和槽形模柄等。设计模柄时要根据各种模具的不同结构正确选择。模柄直径要与压力机滑块中的模柄孔相适应，不能过盈，否则不易从压力机上取下来。模柄的长度应小于滑块中模柄孔的深度。

19. 小孔冲模的特点

小孔冲模为冲制板料上的孔径小于料厚的冲孔模。小孔冲模的特点如下。

（1）冲孔凸模在整个工作过程中除了进入被冲材料的工作部分外，其余应全部得到不间断的导向作用。

（2）小孔冲模一般应具有良好的导向系统。

（3）小孔冲模压料板上一般有强力弹簧，这样利于工件在冲裁过程中塑性变形，提高工件的质量。

（4）小孔冲模一般采用浮动式模柄结构，这样在冲裁时不会因压力机的精度不良而影响模具本身的导向精度。

20. 小孔冲模的设计要点

小孔冲模的设计要点如下。

（1）凸模和凹模要同心。

（2）提高卸料装置的刚度和精度。

（3）间隙尽可能大。

（4）小孔凸模要有台阶。

（5）小孔凸模上加护套。

（6）卸料板和凹模之间加小导柱导向。

（7）凹模刃口部分要尽可能短，漏料孔斜度要大，但要防止废料上升。

21. 搭边的作用及搭边过大、过小对冲裁的影响

搭边的作用是补偿定位误差，保持条料有一定刚度，以保证零件质量和送料方便。搭边过大，浪费材料；搭边过小，冲裁时易翘曲或拉断，不仅会增大冲裁件毛刺，有时还会拉入凸凹模间隙中，破坏模具刃口，降低模具寿命。

22. 负间隙精冲法的概念

负间隙精冲法就是采用凸模尺寸大于凹模尺寸的一种冲裁方法。

23. 负间隙精冲法凸、凹模刃口形式及间隙的确定方法

落料时凹模刃口需保持圆角，其圆角半径一般为板料厚度的5％～10％，凸模保持锋利的刃口。冲孔时恰恰相反，凹模保持锋利的刃口，凸模刃口有圆角。对于四周较均匀的圆形工件，其凸模要比凹模大（0.01～0.02）δ（δ为板料厚度），对于形状复杂的工件，间隙值稍大一些。

24. 负间隙精冲的冲裁方法

在冲裁时为了不使模具损坏，应保证凸模刃口处于最低工作位置时，凸模刃口与凹模刃

口不能接触，即保持 0.1～0.2 mm 距离。

25. 多工位精密级进模的特点

多工位级进模是精密、高效、长寿命的模具，是用于大批量冲压生产的模具。其特点如下。

（1）结构复杂，制造技术要求较高，成本较高。

（2）适用于批量较大、材料较薄的中小型制件，对于较大的制件适用于多工位传递式冲压加工。

（3）模具零件具有互换性，要求更换迅速、方便、可靠。

26. 一次自动送料装置的形式

（1）钩式自动送料装置。

（2）夹持式送料装置（有夹滚式、夹板式、夹刃式等）。

27. 级进模中常用的定距方法、侧刃定距的优缺点及步距的计算方式

级进模中常用的定距方法有始用挡料加固定挡料、侧刃、自动送料装置、导正销定距等。

在级进模中，用侧刃定距，准确可靠，生产效率高，它切去条料侧面边缘部分的窄条材料而出现台肩定位，故增加了材料的消耗和冲裁力。一般用于要求生产效率高、步距小、材料薄或用其他方式定距困难的级进模中。侧刃沿送料方向的断面尺寸一般与步距相等，但在导正销与侧刃兼用的级进模中，侧刃这一尺寸最好比步距大 0.05～0.10 mm，这样才能达到导正销校正条料位置的目的。侧刃在送料方向的尺寸公差，一般按 IT6 取正负偏差制造。在精密级进模中，按 IT4 取正负偏差制造。侧刃孔按侧刃实际尺寸加单面间隙配制，侧刃宽度按国标或选择 6～8 mm。

步距可按下列公式计算：

$$X = C + a$$

式中　X——步距，mm；

　　　C——工件在送进方向最大尺寸，mm；

　　　a——纵向搭边值，mm。

28. 确定冲裁件合理间隙的方法及合理冲裁件毛刺高度

确定冲裁件合理间隙的方法有理论确定法和经验确定法。

小批量生产毛刺高度可达板料厚度的 1%～2%，大批量生产毛刺高度可达板料厚度的 5%～10%。

29. 冲孔或落料时模具间隙的取值方向

冲孔时工件孔径尺寸由凸模尺寸决定，间隙值取在凹模尺寸上。

落料时工件外形尺寸由凹模尺寸决定，间隙值取在凸模尺寸上。

30. 落料或冲孔的凸凹模工作尺寸及公差值的确定方法

冲裁件在测量与使用中，落料件是以大端尺寸为基准，冲孔孔径是以小端尺寸为基准。

设计落料模时应根据落料件外形尺寸确定凹模尺寸，再按间隙确定凸模尺寸。考虑到凸、凹模刃口在使用中因磨损而使落料尺寸逐步加大，为了增加落料凹模的使用寿命，凹模工作尺寸应取工件外形尺寸公差范围内较小尺寸。间隙值应取最小合理间隙值。

设计冲孔模时应根据工件孔径尺寸确定凸模尺寸，再按间隙值确定凹模尺寸。冲孔凸模在使用过程中因磨损而使冲孔尺寸越来越小，为了增加冲孔凸模的使用寿命，凸模工作尺寸应取工件内孔尺寸公差范围内较大尺寸。间隙同样采用最小合理间隙。

31. 弯曲模的设计原则

由于弯曲件的类型繁多，形状简杂不一，因此，根据弯曲件的形状、尺寸、精度、材料和生产批量等不同特点，以及弯曲变形、弯曲方式、弯曲回弹等进行结构设计。设计弯曲模应注意以下问题。

（1）坯件定位要准确、可靠，尽可能水平放置，采用毛坯上的孔定位，多次弯曲时最好用同一定位基准。

（2）弯曲模结构要防止毛坯在变形过程中发生位移，避免工件尺寸超差、材料变薄和断面发生畸变。

（3）坯件的放置和制件的取出要方便，操作简单安全。

（4）模具结构合理、简单，弯曲件尺寸稳定。

（5）模具结构上尽可能采用对称和校正弯曲。

（6）模具便于调整、修理。

32. 最小弯曲半径的概念及影响最小弯曲半径的因素

在毛坯外表面不开裂的条件下，弯曲件能够弯曲成形的内表面最小圆角半径，称为板料的最小弯曲半径。影响最小弯曲半径的因素有以下几点。

（1）材料的力学性能。材料的塑性愈好，弯曲性能也愈好。

（2）材料的纤维方向与制件弯曲方向的关系。尽可能使折弯线垂直于板料的辗纹方向，以提高变形程度，避免外层纤维拉裂。

（3）板料的表面质量和毛坯的断面质量影响弯曲变形程度。

（4）弯曲件中心角的大小。弯曲中心角 α 愈小，允许的最小弯曲半径的数值也愈小。

（5）弯曲件宽度愈大，应变强度也愈大，允许的最小弯曲半径较大。

（6）弯曲件的材料厚度。当材料厚度较小时，最小弯曲半径较小。

33. 最小弯曲高度及最小弯曲高度的确定方法

弯曲件直边的最小尺寸为最小弯曲高度。弯曲件的直边高度不宜过小，如果直边高度过小，直边在模具上的支持长度过小，难以形成足够的弯矩，很难得到形状准确的零件。

最小弯曲高度可根据弯曲半径 r（凸模的圆角半径）的大小及板料厚度 δ 来确定，直边高度应大于 $r+2\delta$。

34. 弯曲中影响回弹的主要因素

板料弯曲的回弹直接影响制件的尺寸精度和形状误差，因而在模具设计和制造时必须考虑回弹因素。

（1）材料的力学性能，回弹量的大小与材料的屈服极限 σ_s 和硬化指数 n 成正比，与弹性模具 E 成反比。

（2）材料表面质量。

（3）材料厚度 δ 值越大，回弹越大。

（4）弯曲角越大，回弹越大。

（5）弯曲件的形状复杂，则回弹小。

（6）弯曲作用力大，则回弹小。

35. 弯曲件圆弧展开长度的计算公式

弯曲半径 $r \geqslant 0.5\delta$ 时，弯曲件圆弧展开长度的计算公式

$$A = \pi \ (r+k\delta) \ \frac{\alpha}{180°}$$

式中　A——圆弧长度，mm；

　　　　r——弯曲半径，mm；

　　　　α——与圆弧所对的圆心角度，（°）；

　　　　δ——板材厚度，mm；

　　　　k——中性层位移系数。

36. 弯曲 U 形件时凸模和凹模间隙对制件质量及模具寿命的影响

弯曲 U 形件，必须选择适当的间隙值。当间隙较小时，摩擦力和弯曲力都大，当间隙过小时，还会使制件直边料厚减薄和出现划痕，同时还会降低凹模寿命。若间隙过大，制件回弹大，使误差增加，降低了制件精度，所以弯曲模间隙的大小对制件质量、弯曲力和模具寿命有较大影响。

37. 弯曲模试冲时弯曲角度不合格的原因如下

（1）凸、凹模回弹角度太小。

（2）凸模进入凹模深度太浅。

（3）凸、凹模之间的间隙过大。

（4）弹顶器的弹力小。

38. 拉深模的分类

（1）按工艺特点可分为简单、复合、连续拉深模。

（2）按工序顺序可分为首次和以后各次拉深模。

（3）按模具本身结构特点可分为带导柱、不带导柱、带压边圈和不带压边圈的拉深模。

（4）按使用的压力机特点分为单动压力机拉深模和双动压力机拉深模。

39. 拉深模压边装置的结构形式

拉深模常用的压边装置主要有两种类型：刚性压边装置和弹性压边装置。

（1）刚性压边装置有如下几种。

① 平面压边圈，用于一般拉深模。

② 弧形压边圈，用于具有小凸缘和很大凸缘圆角半径的零件。

③ 限位装置的压边圈，用于整个拉深过程中保持压边力均衡和防止压边力过紧。

④ 带凸筋的压边圈，用于凸缘特别小或半球性零件。

（2）弹性压边装置常用的弹性压边元件有气垫、液压垫、弹簧垫、橡胶垫等。

40. 拉深凸模中通气孔的作用

拉深件是立体的空心零件，当拉深件从凸模上卸下时，工件底面与凸模端面易形成真空，工件容易粘贴在凸模上，引起拉深件底面不平或损坏制件，为使工件容易从凸模上卸下，故凸模上应设置通气孔。

41. 级进拉深成形排样中，采用切口、切槽技术的作用

级进拉深成形排样中，采用切口、切槽技术的作用为方便材料的流动，使拉伸件容易成形，不致拉破或拉裂。

42. 翻边的概念

利用模具将材料上的孔边缘或外边缘翻成竖边的冲压加工方法叫翻边。

43. 冷挤压的分类方法

冷挤压分为轴向挤压和径向挤压两大类。轴向挤压可分为正挤压、反挤压和复合挤压。径向挤压有离心挤压和向心挤压。

44. 冷挤压件材料的选择

冷挤压时，由于摩擦的影响，会导致挤压件表层金属在附加拉应力的作用下而开裂。所以，应选用塑性好的金属材料，对钢来说碳的质量分数越低，含硫等杂物越小，冷作硬化敏感性越弱，则对冷挤压越有利，工艺性越好。

45. 压印的概念

压印是板料经过上下模之间，在压力作用下，使材料局部厚度发生变化，并将挤压处的材料充填在有文字和图案花纹的模具型腔凸凹处，而在工件表面形成起伏鼓凸文字和图案花纹的一种成形方法。如硬币、纪念章等，都是用压印方法成形的。

压印与冷挤压相似，大多数在封闭的模腔内进行，根据零件的结构和要求，也有敞开式的。

2.5.3 冷冲模的制造

1. 冷冲模制造的步骤

冷冲模的制造因各单位机床设备情况及规模大小而异。大单位人员多，各工种有专用机床及专人负责，按工艺流程卡进行加工，各道工序都有检验，模具钳工只负责本工种的加工、装配。小单位的模具从设计到制造各个有关工序基本上都由模具钳工一个人负责，其他人配合完成，要求技术全面，一专多能。冷冲模制造的一般步骤如下。

（1）仔细审核图样，根据冲裁件零件图，对照检查凸凹模工作部分尺寸和固定部分的尺寸与其他零件是否一致，模具结构及零件加工工艺是否合理，如有错误应向设计人员提出修改，然后再进行加工。

（2）根据模具零件图列出备料单（锻件必须按实际尺寸加 5～8 mm 加工余量）。

（3）将凸模、凹模、卸料板、固定板、垫板等锻件进行刨、铣、磨加工，圆棒料车削加工。

（4）为了加快模具加工进度，一般将要淬火的凸模、凹模先加工，然后再加工卸料板、固定板、上下模座及其他零件。

（5）模具装配、调整、试模。

2. 凸凹模刃口部分的加工方法

凸凹模刃口部分常用的加工方法有普通机械加工、成形磨削、电火花加工、线切割加工、压印法锉削、数控机床加工等。

3. 镶拼式凹模的特点

对于形状复杂、公差较小、尺寸过大或过小的冲裁件，可以采用镶拼式凹模。其优点是：便于加工，提高模具质量；便于维修，易损件容易更换；节约钢材，避免了大件锻造和热处理带来的困难。

4. 镶拼式凹模的设计原则

设计镶拼式凹模时应考虑以下几方面的因素。

（1）镶拼凹模的结构形式必须根据制件料厚和拼块内壁承受张力的大小统筹考虑，根据制件形状合理分割数量。

（2）每一拼块必须具有良好的工艺性，便于机械加工、热处理和线切割加工。

（3）复杂对称型孔应沿对称线分割。

（4）凹进或凸出易磨损部分，应单独分块，便于加工和更换。

（5）为避免产生毛刺，当凸凹模均为镶拼块时，则两者拼合线应错开 3～5 mm。

（6）拼块固定时，要有利于修磨，不能影响刃口、型孔的尺寸精度要求。

（7）拼块之间应尽量用凸凹槽相嵌，或用键相嵌，以防止冲压过程中发生相对移动。

（8）应绘制凹模拼合图，保证整个凹模的步距、尺寸精度要求。

5. 冷冲模装配的基本要求

冷冲模装配的基本要求如下。

（1）保证模具的尺寸精度，即保证各种定位、导向零件的形状精度和各零件之间的位置精度，以此来保证冷冲模尺寸的正确性。

（2）保证冷冲模间隙的合理均匀。在安装凸模和凹模时，必须仔细校正它们之间的相对位置，达到四周间隙均匀，且符合图样规定的尺寸要求。

（3）保证导柱、导套等导向零件的导向良好。

（4）定位尺寸及挡料尺寸应正确。

（5）卸料装置和顶料装置应正确和灵活。

6. 凸模与固定板的固定方式

凸模与固定板的固定方式有铆接固定法、台肩固定法、螺钉加销钉固定法、过渡配合紧固法、挤紧法、低熔点合金浇注法、无机黏接法和环氧树脂黏接法等。

7. 低熔点合金在冲压模中的应用

低熔点合金的熔点为 100～120 ℃较合适，常用于小直径多凸模的固定。

8. 低熔点合金的配方及其性能和适用范围

低熔点合金的配方见表 2-1，其性能及适用范围见表 2-2。

表 2-1 低熔点合金配方

配方	名称	锑（Sb）	铅（Pb）	镉（Cd）	铋（Bi）	锡（Sn）
	熔点/℃	630.5	327.4	320.9	271	232
	密度/g·cm⁻³	6.69	11.34	8.64	9.8	7.28
1	质量分数/%	9	28.5	—	48	14.5
2		5	35	—	45	15
3		—	—	—	58	42
4		1	—	—	57	42
5		—	27	10	50	13

表 2-2 低熔点合金性能及适用范围

配方	熔点/℃	硬度（HB）	抗拉强度/MPa	抗压强度/MPa	冷凝膨胀值	应用范围
1	120	—	900	1 100	0.002	固定凸、凹模、浇注卸料孔、导柱孔及导套孔
2	100	—	—	—	—	固定凸、凹模、导柱及浇注卸料孔
3	135	18～20	800	870	0.005	浇注模腔
4	135	21	770	950	—	浇注模腔
5	70	9～11	400	740	—	固定电极及电极靠模

9. 无机黏接剂黏接的温度与保温时间

黏接后在 60 ℃的条件下保温 2 h，再在 100～120 ℃的条件下保温 2 h，然后随炉冷却。

10. 无机黏接剂黏接时对零件表面粗糙度的要求

表面越粗糙越好，如黏接模架导柱时，内孔最好镗成螺旋线。

11. 无机黏接剂黏接工艺过程

清洗→安装定位→调制黏接剂→黏接及固化。

12. 无机黏接剂的配方

无机黏接剂的配方见表 2-3。

表 2-3　无机黏接剂配方

原料名称	配比	说明
氧化铜	4～5 g	黑色粉末状，220 目，二三级试剂，含量不小于 90%
磷酸	100 mL	密度要求在 1.7～1.9 g/cm³ 范围内，二三级试剂，含量不小于 85%
氢氧化铝	5～8 g	白色粉末状，二三级试剂

13. 环氧树脂黏接零件的温度

环氧树脂黏接零件的温度低于 100 ℃。

14. 常用环氧树脂黏接剂的配方

环氧树脂黏接剂的配方见表 2-4。其中，表中带 * 的固化剂适于作为卸料孔填充剂，并需要加热固化。

表 2-4　环氧树脂黏接剂配方

组成成分	名称	配比/%				
		1	2	3	4	5
黏接剂	环氧树脂 634 或 610	100	100	100	100	100
填充剂	铁粉 200～300 目	250	250	250	—	—
	石英粉 200 目	—	—	—	200	100
增塑剂	邻苯二甲酸二丁脂	15～20	15～20	15～20	10～12	15
固化剂	无水乙二胺	8～10	16～19	—	—	—
	二乙烯三胺	—	—	—	—	10
	间苯二胺*	—	—	14～16	—	—
	邻苯二甲酸酐*	—	—	—	35～38	—

15. 常用酸腐蚀液的配方

常用腐蚀液的配方有如下几种。

（1）草酸 25%、双氧水 25%、水 50%，加热至草酸全部溶化，腐蚀速度为 0.002 mm/s。

（2）硝酸 50%（盐酸也可）、水 50%（不加热）。

（3）盐酸 10％、硫酸 18％、磷酸 5％、氢氟酸 2％、硝酸 10％、水 55％。

优点：腐蚀均匀，表面粗糙度值小，气味小。缺点：腐蚀速度慢，0.007～0.01 mm/min（双面）。

（4）盐酸 10％、硫酸 20％、磷酸 5％、氢氟酸 3％、硝酸 22％、水 40％。

优点：腐蚀均匀。缺点：腐蚀性差，表面粗糙度值大，气味大。

（5）盐酸 23％、硫酸 5％、磷酸 5％、硝酸 32％、水 35％。

（6）硝酸 60％、盐酸 20％、水 20％。

优点：腐蚀速度快，配方简单易掌握。缺点：表面粗糙度值大，不均匀，气味大。

配制和使用腐蚀液的注意事项如下。

（1）容器要干净，不能有油污。

（2）要先放水，再放弱酸（盐酸、磷酸），最后放强酸（氢氟酸、硝酸）。

（3）配制时要不停地用玻璃棒搅动。

（4）工件腐蚀前要退磁，用酒精、汽油或香蕉水擦洗干净，不腐蚀部分用黄油涂覆填满空隙，并围成堤坝，以防腐蚀液漫溢。

16. 凸模与固定板紧固时的装配工艺

通常情况下，凸模与固定板紧固后，不允许凸模在固定板中上下移动，也不能转动，但弹压导板模因凸模与固定板采用间隙配合而例外。对一般冲模而言，不需拆换的直通式凸模应采用 N7/h6 或 M7/h6 配合，精密模具采用 H6/m5 配合，整体直通式凸模装配方法如下。

（1）将凸模头部铆接端（约 10 mm）局部退火，有条件的用高频炉退火为宜，退火时注意凸模刃口部分方向不能颠倒。

（2）将凸模用纱布包住，夹在台虎钳口上，用手锤将退火头部边缘轻轻向下锤击，形成大于外径约 0.5～1 mm 的凸台，锤击时不得碰伤凸模刃口部分。

（3）将凸模固定板型孔周围倒 1×45°斜角。注意型孔正反方面不能颠倒。

（4）将凸模固定板平放在台虎钳钳口上，将凸模垂直敲入固定板型孔中，头部与固定板平齐，或略高 0.1 mm 左右，用角尺检查凸模与固定板的垂直度。

（5）如有多个凸模，应先装最大的凸模，再装距离最远的第二个凸模，保证孔距及垂直度。

（6）凸模与固定板装配完成后，在凹模上放两块等高垫铁，将凸模装入凹模型孔中深约 3～5 mm，检查放入是否通畅，用透光法检查间隙是否均匀，特别注意小凸模不能强行装入，否则会出现"啃刃"现象，压入的凸模不能有转动，否则会出现间隙不均匀或"啃刃口"现象。

（7）将装配固定好的凸模与固定板一起放在平面磨床上，刃磨固定板背面（用两块导磁等高垫铁垫好或用螺钉穿过两块等高垫铁与固定板紧固），保证每个凸模反铆平面和固定板面平齐。

（8）将背面磨好的凸模与固定板放在平面磨床上，将卸料板套入凸模中（防止小凸模抖动折断），刃磨凸模刃口，应保证刃口锋利、高度一致，防止出现烧伤退火而降低凸模硬度。

17. 冲裁模的装配顺序

冲模的主要零件组装后，可以进行总装配。为了使凸、凹模便于对中并间隙均匀，装配时必须考虑上下模的装配顺序，否则会出现无法装配的现象。上下模的装配顺序与冲模结构有关，通常可按下述方法来选择装配顺序。

（1）对于无导柱、导套导向的冲模，由于凸、凹模间隙是在冲模使用时安装到压力机上进行调整得到的，因此上下模的装配顺序没有严格要求，一般可以分别进行装配。

（2）对于有导柱、导套导向并且凹模在下模的落料模或级进模可以先装下模。

① 先将凹模放置在下模座上，找正位置使凹模板几何中心与模柄中心一致，再将下模座按凹模型孔划线，加工漏料孔，漏料孔要比凹模型孔周边大 1～2 mm 左右。

② 用平行夹将凹模和下模座夹紧，以凹模螺纹孔引钻下模座螺钉过孔，在下模座上钻螺钉过孔，锪螺钉沉孔。

③ 用螺钉将凹模和下模座紧固。

④ 钻销钉孔，铰孔。装入销钉，销钉应比销钉孔大 0.005～0.01 mm，不能太松，否则会造成凹模与下模座配合松动。如销钉过盈太大会造成销钉拆卸不方便。

⑤ 在凹模上放两块等高垫铁，将凸模固定板上的凸模插入凹模型孔中深约 3～5 mm，找正凸凹模间隙。将上模座导套套入下模座导柱内，用平行夹将凸模固定板和上模座夹紧，并用撬杠拨动，使上模上下活动顺畅后分开。通过凸模固定板螺纹孔引钻上模座螺钉过孔，做好标记后松开平行夹，在上模座上钻螺钉过孔，锪螺钉沉孔。

⑥ 在凹模上放两块等高垫铁，再次将凸模固定板上的凸模插入凹模型孔内，并放上垫板，然后将上模座导套套入下模座导柱内，拧紧螺钉，用透光法观察间隙是否均匀。再将上模轻轻撬起，凸模脱离凹模刃口 3～5 mm，但导套不要脱离导柱，再轻轻用手或铜棒将上模座下压，观察凸模是否能顺利进入凹模型孔内。如果凸模装配垂直，螺钉孔位置正确，凸模应能顺利进入凹模。

⑦ 将上模座撬起用薄纸试切。如冲纸时纸片轮廓清晰平整，则为间隙均匀。如一边切断，另一边未切断或有毛边，则为间隙不均匀，说明一边间隙过小，另一边间隙过大。这时用铜棒轻轻敲击凸模固定板间隙小的一边，敲击时凸模必须在凹模型孔中，每次敲击后必须切纸检查，直到合格。

⑧ 间隙调整合适后钻销钉孔，铰孔，安装销钉。

⑨ 再进行切纸法检验间隙是否均匀，反复调整，直到间隙均匀。

⑩ 将卸料板装在凸模上，检查是否灵活，安装弹簧或橡胶，调整弹压卸料螺钉长度，使卸料板平面高于凸模刃口端面 0.5～1 mm，保证卸料板在冲裁过程中的压料和卸料作用。

⑪ 安装其他辅助零件。

（3）对于倒装复合模，一般先装上模。

① 将上模座上顶面向下置于两块等高垫铁上，依次放入上垫板、装配好的冲孔凸模固定板、凹模，将凸凹模插入凸模和凹模型孔中。冲孔凸模和凹模孔中的推板位置应与上模座模柄孔的位置对正，上垫板过孔应与凹模螺纹孔销钉孔对齐。用平行夹将凹模、冲孔凸模固定板、上垫板与上模座一起夹紧。

② 通过凹模螺纹孔引钻上模座螺钉过孔。将平行夹松开后，钻上模座螺钉过孔，锪螺钉沉孔。

③ 将凸凹模插入冲孔凸模和凹模型孔中，置于两块等高垫铁上，放入上垫板和上模座，用螺钉将凹模、凸模固定板、上垫板和上模座紧固。

④ 将装好凸凹模的固定板放入下模座，放上两块等高垫铁，将上模与下模合模，使凸凹模插入凹模型孔深约 3～5 mm，用平行夹夹紧凸凹模固定板和下模座。移开上模，通过凸凹模固定板的螺纹孔引钻下模座螺钉过孔，并按凸凹模型孔划漏料孔线。松开平行夹，钻下模座螺钉过孔，锪螺钉沉孔。

⑤ 加工下模座上的凸凹模漏料孔。

⑥ 将上模置于两块等高垫铁上，将凸凹模插入已紧固好的凸模和凹模中，中间垫上两块等高垫铁，依次放上下垫板和下模座，用螺钉将凸凹模固定板、下垫板和下模座紧固，移开下模并钻下模销钉孔、铰孔，装入销钉。

⑦ 上、下模合模，用撬杆将上模座上、下撬动，观察凸凹模是否能顺利进入凸凹模中。如没有"啃刃口"现象，用"切纸法"检查间隙是否均匀，如切不断或有毛边，则为间隙不均匀，进行适当调整，直到切出的纸片轮廓清晰、无毛边。

⑧ 移开上模，通过凹模销钉孔钻凸模固定板和上模座销钉孔，铰孔，装入销钉。小间隙复合模装入销钉时，应将上模座套入下模座导柱内，垫上两块等高垫铁，再装入销钉。

⑨ 将卸料板装在凸凹模上，并检查是否灵活，安装弹簧或橡胶，弹压螺钉长度应保证卸料板平面高出凸凹模刃口 0.5～1 mm。

⑩ 安装其他零件。

18. 倒装复合模先装上模的原因

倒装复合模先装上模可以保证上模中心的卸料装置与模柄中心对正，避免漏料孔错位。

19. 冷冲模间隙的调整方法

冷冲模间隙常用的调整方法有以下几种：垫片法、镀铜法、涂漆法、切纸法、透光法、测量法等。

20. 冷冲模上模座顶面与下模座底面的平行度要求

冷冲模上模座顶面与下模座底面的平行度，一级精度不超过 0.05/300 mm，二级精度不超过 0.08/300 mm，三级精度不超过 0.12/300 mm。

21. 冷挤压型腔的特点

(1) 由于凸模的加工比凹模方便，所以用冷挤压可以制造难以用机械加工方法成形的复杂型腔，提高了生产效率。

(2) 精度高，表面粗糙度值小。

(3) 冷挤压可使模坯的金属组织更为紧密，硬度和耐磨性有所提高。

22. 压印模具制作的注意事项

在压印和压花时，为了使工件质量好、精度高、花纹清晰，在压印前，应将坯料进行退火处理。表面粗糙度值要求较小时，还要进行酸洗或抛光。压印凸模和凹模一般选用合金工具钢，硬度值为 60～62 HRC。压印凸模、凹模型腔的加工制作，手工雕刻难度大，技艺要求高，制作周期长，因而一般采用精雕机加工，也可用数控铣床或电火花加工。

23. 压印模压印时压力机的选择原则

(1) 压印时，压力机的精度即静态精度要好，即指工作台面的表面平面度、滑块下端面的表面平面度、滑块与导轨间的间隙大小、台面与滑块下平面的平行度、滑块行程与台面的垂直度、滑块中心孔和滑块行程的平行度及飞轮转动时的跳动大小等都应符合技术要求。

(2) 压力机的公称压力应大于压制时所需的压力（计算压力），一般应达计算压力的 1.5 倍左右，以防过载，避免发生轴的变形使压力机破坏或局部发生损失。

(3) 压力机的最大装模高度应大于模具的最大闭合高度。

(4) 根据工作类别及零件的特性，应备有特殊装置和夹具，如缓冲器、顶出装置、送料器等。

(5) 压力机的制动器、离合器、操纵器各部分应动作灵活、准确可靠。

(6) 压力机的机械连接部位应牢固可靠，不能出现"喘歇"、"打连车"等故障，以避免模具损坏。

24. 模具上标记、符号和文字的加工方法

模具上的标记、符号、文字可以采用手工雕刻、电火花加工、照相制版、酸腐蚀、机械加工（数控铣床、加工中心、精雕机）、激光加工等。手工雕刻可以雕刻各种凸凹文字、符

号、标记。照相制版、酸腐蚀加工凸凹文字,深度受到一定的限制。数控铣床和加工中心加工凹字比较方便、快捷,但加工凸字受到一定的限制。精雕机可以雕刻出在计算机中设计的各种平面或立体的浮雕图形及文字,实现雕刻作业自动化。

2.5.4 冲模的试冲与调试

1. 冲模装配后进行试冲的作用

冲裁装配后必须在与生产条件相同的条件下进行试冲,在试冲的过程中发现各种缺陷。如试冲出来的零件不符合产品图样的尺寸精度及技术要求,就能暴露出冲模的刃口计算不准确或冲模结构不合理等问题,这些缺陷均应得到纠正才能使冲模正常使用。

2. 压力机的安全操作规程

(1)了解压力机的性能、功能、各手柄位置和操作具体要求。

(2)开车前检查外部和安全装置是否完好,各运动部件确认无故障后,试车 1~2 min。

(3)安装模具的最大闭合高度应小于压力机的最大装模高度,压制时的冲裁力应小于压力机的公称压力,严防过载。

(4)压力机的安全防护装置应经常检查是否准确可靠,机床发生故障要及时停车,切断电源,请专职人员修理,完好后才能操作。

(5)模具安装要正确、牢固、可靠,落料模的漏料孔不能堵塞。

(6)压力机在工作时,严禁用手直接取放制件。要用镊子取放坯料或制件。

(7)对校平模和压弯模,调整压力机下止点行程时,最好先用手动或点动,调整好后再起动机床。

(8)严防重物碰撞和污物弄脏设备,不准堆放杂物。

(9)工作结束后,扫除切屑,清洗设备,添加润滑液,将部件调整到正常位置后,切断电源。

3. 冲裁模试冲时常见的问题

(1)送料不畅或条料被卡死。

(2)料卸不下来。

(3)凸、凹模刃口相咬或间隙不均匀。

(4)冲裁件毛刺过大。

(5)冲裁件不平。

4. 冲裁模送料不畅或条料被卡死的原因

(1)两导料板之间尺寸过小或有斜度。

（2）条料宽度过大或条料外边缘不齐。

（3）冲裁间隙太小或凸模与卸料板之间间隙过大。

（4）用侧刃定距的冲裁模、导料板的工作面与侧刃不平行，侧刃与侧刃挡块之间有间隙。

5. 冲裁模试冲时卸不下料的原因

（1）卸料板与凸模、顶板与凹模的配合过紧，卸料螺钉长度不够。

（2）弹簧或橡胶弹力不足。

（3）润滑油粘住工件。

（4）凹模型孔和下模座的漏料孔没有找正，料不能排出。

6. 冲裁件断面质量不好、毛刺大的原因

（1）刃口不锋利或淬火硬度低。凸模刃口不锋利，落料件上有毛刺；凹模刃口不锋利，冲出的孔有毛刺。

（2）配合间隙过大或过小。间隙过小，冲裁件截面的光亮带较宽（大于材料厚度的1/3），此时可以修大间隙。间隙过大，光亮带很窄，这时只能更换凸模或凹模。

（3）间隙不均匀。

7. 冲裁件不平的原因

（1）落料凹模有反斜度，冲裁件被挤压弯曲。

（2）导正销与导正孔配合过紧，将工件压出凹陷或导正销与挡料钉距离过小，条料导正时前移被挡住。

8. 冲裁件形状、尺寸超差的原因

（1）凸模、凹模的形状及尺寸不正确。

（2）级进模中导料板与凹模送料中心不平行。

（3）用侧刃定距的级进模中侧刃尺寸大于或小于步距。

9. 试模时凸模与凹模"啃口"的原因

（1）凸模与凹模之间的间隙不均匀。

（2）由于卸料螺钉的有效长度或模座的沉孔深度不一致，使弹压卸料板倾斜，导致卸料力不均衡，挤擦凸模使之不垂直。

（3）凸模与固定板不垂直。

（4）小间隙的冲裁模的导柱与导套配合间隙过大。

（5）无导向装置的冲裁模是由于压力机滑块与导轨之间间隙过大。

（6）压力机精度差，压力机导轨面与滑块底面不垂直或压力机滑块与工作台面不平行等。

10. 检查凸凹模刃口是否需要刃磨的方法

在正常生产的情况下，当冲裁一定的数量后应进行正常的凸、凹模刃口修磨，而不应等到刃口磨损太大后再进行修磨。这是因为冲模保持刃口锋利是保证冲压件质量和冲模耐用度的有效措施，冲压工及模修工应检查刃口的锋利程度，检验方法如下。

（1）用手指在刃口上轻轻摸一摸是否有锋利的感觉，如果光滑或不刺手，感到高低不平就表明刃口已变钝，必须卸下来进行刃磨。

（2）用手指甲在刃口上轻轻擦一下，如果指甲能被刮削一层，说明刃口锋利，可以继续使用，否则应拆下刃磨。

（3）在垂直于刃口棱边的方向上，用放大镜看刃口是否有发亮的地方，如果有反光或发亮的现象表明刃口已变钝，应进行刃磨。如果锋利，则在垂直方向上只能看到一条又细又黑的线条。

（4）检查冲裁件剪切面质量，若发现在冲裁件的截面上有光亮点和毛刺，则表面刃口已变钝。若发现工件外缘有毛刺，则表明凸模刃口已变钝，要刃磨凸模；若发现孔边有毛刺，则表明凹模刃口已变钝，应刃磨凹模；若孔边与外缘全都有毛刺，则应同时刃磨凸模和凹模。

11. 用级进冲裁模冲裁时冲裁件的外缘与内孔位置尺寸不正确的原因

（1）定位销、挡料销等定位零件位置发生变化或磨损太大。

（2）操作者没有将条料送达指定位置；送料时前后左右偏移；送料中心线偏移；步距不准。

（3）条料尺寸精度太低。条料过窄，外缘出现缺边、少边现象；若条料过宽，送料困难，会引起孔与外缘位置变化。

12. 冲裁模工作时，出现双光亮带的原因及调整方法

造成冲裁件的剪切端面光亮带太宽或出现双光亮带的主要原因是冲裁间隙太小。可通过适当放大冲裁间隙来调整，放大的办法是用油石仔细修磨凹模及凸模刃口。

13. 弯曲 V 形件时，凸、凹模间隙的控制方法

弯曲 V 形工件时，凸、凹模间隙是通过调整压力机的闭合高度来控制的。

14. 弯曲模试冲时，弯曲件位置偏移的原因

（1）定位板位置偏移。

（2）凹模圆角大小与图样不符。

（3）压料力不足。

（4）凸模没有对正凹模。

15. 弯曲模工作时，造成冲压件弯曲部位产生裂纹的原因及调整方法

（1）造成冲压件弯曲部位产生裂纹的原因主要有以下几个方面。

① 板料的塑性差。

② 弯曲线与板料的纤维方向平行。

③ 剪切端面的毛边在弯曲的外侧。

（2）可采用以下措施进行调整。

① 用塑形较好的板料。

② 板料进行退火处理，增加塑形后再弯曲。

③ 改变落料排样，使弯曲线与板料的纤维方向成一定的角度或垂直。

④ 使毛边在弯曲的内侧，圆角带在外侧。

16. 弯曲模试冲时，表面质量不好的原因

（1）弯曲模圆角过小表面被划伤。

（2）凸、凹模间隙不均匀。

（3）凸、凹模表面粗糙度值太大。

17. 弯曲件试冲时弯曲尺寸超差的原因

（1）凸、凹模之间间隙过小或过大。

（2）压料力过大。

（3）坯料展开长度计算不准。

18. 拉深模试冲时常见的缺陷

（1）拉深件外形尺寸超差。

（2）表面质量不好。

（3）拉深件起皱。

（4）拉深件破裂。

19. 拉深件外形尺寸超差、表面质量不好的原因

（1）坯料尺寸过大或过小。

（2）凸、凹模间隙不均匀。若间隙过大，则拉深件侧壁有鼓肚；若间隙过小，则拉深件壁部变薄。

（3）压边力过大或过小。

（4）凹模淬火硬度太低，表面粗糙度值较大。

（5）定位板位置偏移。

20. 拉深件起皱的原因

（1）压边力不足或压边力不均匀。

（2）凸、凹模间隙大或不均匀。

（3）凹模圆角过大。

21. 拉深件试冲时，破裂的原因

（1）坯料材质与图样不符。

（2）压边力太大。

（3）凸模与凹模圆角半径过小。

（4）凸、凹模间隙不均匀或间隙太小。

（5）拉深次数太少或拉深系数偏小，变形量过大。

（6）润滑不良或润滑部位不对。

22. 拉深件试冲时，拉深件高度不够的原因

拉深件高度不够主要是由于坯料尺寸不够大，凸、凹模之间间隙过大，凸模圆角半径太小，压边力太小或材料塑性不够等因素所引起的。这时可以加大坯料尺寸，调整凸模、凹模之间间隙，磨大凸模圆角半径，加大压边力，材料重新退火以增加塑性等方法来解决。

23. 拉深模工作时，造成冲压件表面拉毛的原因及调整方法

拉深模工作时，造成冲压件表面拉毛的原因如下。

（1）拉深间隙太小或不均匀。

（2）凹模圆角不光洁。

（3）模具或板料不清洁。

（4）凹模硬度太低，板料有粘附现象。

（5）润滑油质量太差。

可采取以下措施来调整。

（1）修整拉深间隙。

（2）修光凹模圆角。

（3）清理模具及板料。

（4）提高凹模硬度或减小表面粗糙度值，进行镀硬铬及氮化处理。

（5）更换润滑油。

24. 翻边模试冲时，出现外缘翻边不齐、边缘不平的原因

造成翻边模外缘翻边不齐、边缘不平的主要原因如下。

（1）凸模与凹模之间间隙太小。

（2）凸模与凹模之间的间隙不均。

（3）坯料放偏。

（4）凹模圆角半径大小不均。

25. 冷挤压前对毛坯进行软化处理的目的

冷挤压前对毛坯进行软化处理的目的是提高塑性，降低硬度，减少挤压力。

2.6　型腔模设计与制造

2.6.1　塑压常用的材料及模塑成型工艺

1. 热塑性塑料、热固性塑料的概念及其分类

热塑性塑料是指能多次反复加热仍具有可塑性的合成树脂制成的塑料。聚乙烯、聚丙烯、有机玻璃、尼龙、ABS、聚砜、聚甲醛等均属此类。

热固性塑料是指由加热固化的合成树脂制得的塑料，如再加热，也不再软化，不再具有可塑性。酚醛塑料、环氧塑料、有机硅塑料等均属此类。

2. 塑料的流动性的概念及影响流动性的主要因素

塑料在一定温度与压力下充填型腔的能力称为流动性。影响流动性的主要因素如下。

（1）塑料性能。

（2）模具结构。

（3）成型工艺。

3. 热固性塑料的成型加工方法

热固性塑料主要有浸渍、压缩、层压、浇铸、压注、增强等成型方法。

4. ABS 塑料的成型特性

（1）ABS 粒料极易吸湿，使成型塑件表面出现斑痕、云纹等缺陷。因此，成型前需进行干燥处理。

（2）ABS 树脂的比体积比聚烯烃小，在注射机料筒中能很快加热，因而塑化效率高，在模具中凝固也比聚烯烃快，故模塑成型周期短。

（3）ABS 树脂的熔体黏度强烈地依赖于剪切速率，因此模具设计中大都采用点浇口或较小尺寸浇口形式。

（4）ABS 树脂为非结晶形高分子聚合物，成型收缩率小。

（5）ABS 树脂的熔融温度较低，熔融温度范围宽，流动性好，有利于成型。

5. 影响塑件尺寸公差的因素

（1）模具成型零件的制造公差。
（2）模具成型零件的磨损。
（3）成型收缩率的偏差和波动。
（4）模具安装配合误差。

6. 影响热塑性塑料收缩率的主要因素

（1）塑料品种不同，收缩率不一样。与热固性塑料相比，收缩率较大。
（2）塑件的结构特性对收缩率、收缩的方向性影响较大，厚壁塑件收缩大。
（3）浇口形式、尺寸及其分布直接影响料流方向、密度分布、保压补缩作用及成型时间。直接浇口和大截面浇口，收缩小，但方向性大，距浇口近或与料流方向平行的部位收缩大。
（4）成型工艺条件。模具温度高，熔体冷却慢，密度高，收缩大。压力大，时间长，收缩小。料温高，收缩大。因此在成型时调整料筒温度、模具温度、注射和保压压力、注射速度、保压和冷却时间等因素可改变塑件收缩率。

7. 尼龙、聚砜、有机玻璃等塑料在成型前进行干燥处理的作用

有些吸湿性强的塑料，因其分子中含有亲水性基因，容易吸湿，在成型前要进行干燥处理。否则，水分超过规定量后，水分在高温料筒内变成气体，使塑料高温水解，从而导致塑料降解，黏度降低，给成型带来困难，有时也会使塑件表面产生气泡、银丝、斑纹等缺陷。

8. 注射模模塑成型的工艺条件

注射模模塑成型的工艺条件为温度、压力和时间。

9. 注射成型中需要控制的温度

注射成型中需要控制的温度有料筒温度、喷嘴温度、模具温度。

10. 料筒和喷嘴温度的选择与注射压力的关系

较高的注射压力，料筒和喷嘴的温度可以低一些。相反，选用较低的注射压力时，为了保证塑料的流动性，应适当提高料筒和喷嘴的温度。

11. 塑料模设置加热装置的作用

对于熔体黏度高、流动性差的塑料，注射成型时要求模温较高，当模温要求在 80 ℃以上时，应设置加热装置。

12. 嵌件预热的作用

带有金属嵌件的塑件，由于金属和塑料的线膨胀系数相差很大，因而两者的收缩率也相差很大，导致塑料在冷却时，嵌件周围出现裂纹，使塑件强度降低。为了避免这一现象，嵌件必须预热。预热后可减小熔体与嵌件的温差，在成型中可以使嵌件周围的熔体冷却缓慢，收缩比较均匀，并产生一定的补缩作用，防止嵌件周围产生过大的内应力。

13. 塑件壁厚对塑件质量的影响

在模塑成型工艺上，塑件壁厚不能过小，否则熔融塑料在模腔中的流动阻力加大，尤其是形状复杂和大型的塑件成型比较困难。塑件壁厚过大，对热固性塑料来说，成型时间延长，并易造成固化不完全；对热塑性塑料来说，则会增加塑化和冷却时间，使生产效率降低；此外，壁厚过大也易产生气泡、缩孔、凹痕、翘曲等缺陷，影响塑件质量。

14. 注射机的注射量与塑件质量的关系

注射机的最大注射量直接影响塑件的重量或体积，最大注射量小于塑件的质量就会使塑件成型不完整或内部组织疏松、塑件强度降低。最大注射量过大于塑件的质量，则使注射机利用率降低，能源浪费且可能导致塑料分解。因此，最大注射量应稍大于塑件的重量或体积，通常注射机的实际注射量最好在最大注射量的80%以内。

15. 塑料模塑工艺规程编制的步骤

（1）塑件分析。
（2）塑料的成型方法及工艺过程的确定。
（3）塑料模类型和结构形式的确定。
（4）成型工艺条件的选择。
（5）成型设备和工具的选择。
（6）工序质量标准和检验项目及方法的确定。
（7）技术安全措施的规定。
（8）工艺文件的制定。

16. 注射模塑的工艺过程

注射模塑工艺过程是热塑性塑料转变为塑件的最主要阶段，它包括加料、塑化、注射、保压、冷却和脱模等工序，其中塑化、注射、冷却是三个基本工序。

2.6.2 塑料模的结构、特点及设计知识

1. 注射模的特点

注射模具有浇注系统，在塑料进入型腔以前模具先闭合。其特点如下。

（1）塑料的加热和塑化是在注射机的高温料筒内完成的，而不是在模具的加料腔内进行的，因而不需要设置单独的加料腔。

（2）熔融塑料在注射机的柱塞或螺杆压力作用下，经过注射机喷嘴和模具浇注系统高速注入型腔。

（3）根据塑料特性，要求不同的模具温度，因而模具需设置冷却或加热装置。

（4）成型周期短，生产效率高，容易实现生产自动化。

（5）生产适应性强，无论大小型塑件、形状简单或复杂塑件均可注射成型。

（6）设备投资大，模具结构比较复杂，制造周期长，成本较高，适合大批量生产。

2. 热流道模具的特点

注射模浇注系统改进的一个重要方向是发展热流道模具，它与一般注射模的主要区别是，在注射成型过程中，浇注系统中的塑料不会凝固，也不随塑件脱模，所以又称这种模具为无浇注系统凝料模具。它有如下特点。

（1）基本实现了无废料加工，节约了塑料原材料。

（2）省去注射成型过程中取出浇注系统凝料的工序，操作简化，有利于实现自动化生产。

（3）省去除浇口、修整塑件、浇注系统凝料破碎及回收工序，节省人力，简化设备，缩短了成型周期，提高了劳动生产率，降低了成本。

（4）整个生产过程中，浇注系统内的塑料始终处于熔融状态，流道畅通无阻，压力损失小，这样可以实现多点浇口、多型腔模具及大型塑料的低压注射，有利于压力传递，从而克服因材料不足而产生的收缩凹痕，提高了产品质量。

（5）生产时，由于没有浇注系统凝料，模具的开模距离和合模行程可以缩短，从而缩短成形周期，并增强了设备对于长型塑件的适应能力。

3. 压缩模按加料室形式的分类及其用途

压缩模按加料室形式分为溢式压缩模、不溢式压缩模和半溢式压缩模。

（1）溢式压缩模适用于压制小批量或对强度和精度要求不高的塑件，外形简单且大而扁平的盘形塑件及小型塑件。

（2）不溢式压缩模适用于压制形状复杂、薄壁、长流程和深腔塑件及流动性很小、压力要求高、压缩率大的塑料。这种模具一般不设计成多型腔的形式，因为加料稍不均衡就会造成各个型腔的压力不等，引起塑件欠压。

（3）半溢式压缩模由于综合了溢式和不溢式压缩模的优点，因而在生产中应用广泛，适用于成型流动性较好的塑料及形状复杂的带有小嵌件的塑件，不适于压制长纤维或碎屑状塑料。

4. 压注模的特点

压注模是热固性塑料模塑成型的一种常用模具，它与压缩模存在着许多共同点，即两者都用于成型热固性塑料，它们的型腔结构及推出机构等基本相同，成型零件的结构及尺寸计算方法也大致相同，模具加热方式也完全相同。但压注模与压缩模的区别是：压注模在加料前模具已闭合，然后将塑料加入模具单独的加料腔内，使其受热熔融，随后在柱塞的压力作用下经过模具的浇注系统，以高速挤入型腔，塑料在型腔内继续受热受压固化成型；而压缩模是在模腔内加入塑料原料后再合模、压缩、保温、固化成型。

5. 压缩模的结构组成

压缩模主要由成型零件、加料室、导向机构、侧向分型与抽芯机构、推出机构、加热系统、支承零部件等组成。

6. 压缩模凸、凹模的组成部分及其作用

压缩模凸、凹模一般由引导环、配合环、挤压环、储料槽、排气溢料槽、承压面、加料腔等部分组成。

（1）引导环的作用是导正凸模进入凹模。

（2）配合环的作用是保证凸模与凹模定位准确，阻止溢料，并通畅地排出气体。

（3）挤压环主要用于半溢式和溢式压缩模，其作用是限制凸模下行位置，并保证最薄的水平飞边。

（4）储料槽的作用是储存排出的余料。

（5）排气溢料槽用于排出余料及成型时产生的气体。

（6）承压面的作用是减轻挤压环的载荷，延长模具的使用寿命。

（7）加料腔是供容纳塑料用的，其容积应保证装入所用的塑料后，还留有 5～10 mm 高的空隙，以防止压制时塑料溢出模外。

7. 压缩模凸、凹模采用的配合

对于移动式压缩模，凸、凹模经过热处理的采用 H8/f7 配合；未经热处理以及配合部分形状复杂的压缩模、固定式半溢式压缩模和不溢式压缩模，均采用 H9/f9 的配合。

8. 压缩模挤压环的宽度

一般中小型模具为 2～4 mm，大型模具为 3～5 mm。

9. 塑料模设计的基本原则

（1）为加工和装配方便，模具结构和零件的形状应力求简单。

（2）为确保产品质量和模具使用寿命，模具应有适当的精度、强度和刚度，表面粗糙度值应小。

（3）模具结构的有关尺寸必须与选用的注射机的相关参数相适应，包括注射机的最大注射量、锁模力、装模部分的尺寸等。

（4）根据塑料熔体的流动性和塑件外形、尺寸及外观要求，认真分析熔体在浇注系统和型腔各处的流动状态、熔接部位及型腔内原有的气体排除方式等。合理确定模具总体结构、分型面、浇注系统等，以控制熔体充模、凝固、收缩及补缩，改善成型条件，从而获得外形清晰、尺寸稳定、内应力小、无气泡、无缩孔、无凹陷的塑件。

（5）根据塑件的结构特征，正确确定抽芯及推出机构。

（6）为确保塑件质量和注射成型的顺利进行，正确设计模具的加热和冷却装置。

（7）所有设计的模具必须便于操作和维修。

10. 塑料模的设计步骤

由于塑件结构的复杂程度、尺寸大小、精度高低、生产批量、技术要求等不同，因而塑料模的类型和结构形式也不相同，应结合生产实际条件综合设计合理经济的成型模具。塑料模的设计过程大致分为以下几个步骤。

（1）接受任务书。

（2）收集、分析和消化有关塑件设计的原始资料。

（3）设计模塑成型工艺。

（4）熟悉成型设备的技术规范。

（5）确定模具结构。

（6）模具设计的有关计算。

（7）模具总体尺寸的确定与结构草图的绘制。

（8）模具结构总装图和模具零件图的绘制。

（9）校对、审图、出图。

11. 塑料模具结构设计的内容

塑料模具结构设计一般包括以下几个方面。

（1）塑件成型位置及分型面的选择。

（2）型腔数目的确定、型腔的分布、流道布局及浇口位置的设计。

（3）模具成型零件的结构设计及工作尺寸计算。

（4）侧向分型与抽芯机构的设计。

（5）推出机构的设计。

（6）拉料杆形式的选择。

（7）排气系统的设计。

（8）温度调节系统的设计。

（9）结构零部件的设计。

12. 分型面的概念及分型面选择原则

为了成型塑件及浇注系统凝料的脱模和安放嵌件的需要，将模具适当分解成两个或多个部分，这些可以分离部分的接触表面统称为分型面。选择分型面时，通常要遵循以下基本原则。

（1）有利于塑件成型，便于塑件的脱模。

（2）有利于侧向分型与抽芯。

（3）有利于保证塑件的质量。

（4）有利于防止溢料。

（5）有利于排气。

13. 塑料模脱模斜度的作用

脱模斜度是为了便于塑件成型后脱模。脱模斜度的大小主要取决于塑料的收缩率、塑件的形状和壁厚以及塑件在模具中的位置等。

14. 脱模斜度的取值范围及斜度的取向原则

通常情况下，脱模斜度的取值范围为 $30'\sim1°30'$，在保证塑件精度要求的前提下，宜尽量取大些。脱模斜度的取向原则是：对型腔尺寸应以大端为基准，斜度沿缩小的方向获得；型芯尺寸以小端为基准，斜度沿扩大的方向获得。

15. 整体式凹模的特点及其应用范围

整体式凹模是由整块金属模板直接加工而成的，这种凹模牢固可靠，不易变形，成型的塑件质量较好；但整体式凹模加工困难，热处理工艺性较差，并且浪费昂贵的模具材料。整体式凹模常用于形状简单的中小型模具上。

16. 镶嵌组合式凹模的选用原则

当凹模形状复杂、不易整体加工或型腔某一部分容易磨损时，宜采用局部镶嵌组合式凹模。

17. 瓣合式凹模的选用原则

对于侧壁带有凸台或凹坑的塑件，为了便于脱模，可将凹模做成两瓣或多瓣组合式的。成型时瓣合，脱模时瓣开。

18. 合模销的作用及其与模具的配合关系

在垂直分型面的组合凹模（哈夫模）中，为了保证锥模套中的拼块相对位置的准确性，常采用两个合模销。分模时，为了使合模销不被拨出，其固定端部分采用 H7/k6 过渡配合，滑动端部分采用 H9/f9 间隙配合。

19. 抽芯距的概念及抽芯距的确定方法

将侧型芯从成型位置抽至不妨碍塑件脱模位置，侧型芯在抽拔方向所移动的距离称为抽芯距。

一般抽芯距等于成型塑件的孔深或凸台高度另加 2~3 mm 的安全余量。

20. 圆形骨架塑件抽芯距的确定方法

如图 2-4 所示，圆形骨架如采用对瓣滑块结构时，滑块的抽芯距为

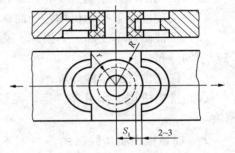

$$S = S_1 + (2\sim3) \text{ mm} = \sqrt{R^2 - r^2} + (2\sim3) \text{ mm}$$

式中　R——塑件最大外形半径，mm；

　　　r——阻碍塑件推出的外形最小半径，mm；

　　　S_1——保证塑件推出的最小抽芯距，mm；

　　　S——抽芯距，mm。

图 2-4　圆形骨架塑件的抽芯距

21. 斜导柱斜角的设计原则

斜导柱斜角的选取应综合考虑，统筹兼顾。理论上推导，斜角 α 取 $22°30'$ 最为合理，但考虑斜导柱的强度，在开模具行程允许的情况下，斜角尽量小些，一般 $\alpha = 15° \sim 20°$。

22. 楔紧块楔角与斜导柱斜角的关系

当斜导柱带动滑块作侧抽芯移动时，楔紧块的楔角 α' 必须大于斜导柱的斜角 α，这样当模具开模时，楔紧块就让开，否则斜导柱将无法带动滑块作侧抽芯运动，一般 $\alpha' = \alpha + (2° \sim 3°)$。

23. 滑块与导滑槽的关系

滑块在完成侧抽芯动作后，尚需留在导滑槽内，此时留在导滑槽内的长度应不短于滑块长度的 2/3，如果太短，滑块在开始复位时容易倾斜，甚至损坏模具。有时为了不增大模具尺寸，可采用局部加长的方法来解决。

24. 螺纹型芯在模具中的固定形式

在压缩模和压注模的下模、注射模的定模上设计螺纹型芯时，通常采用 H8/h8 的间隙配合，将螺纹型芯直接插入模具对应孔中，并应可靠定位。

在压缩模和压注模的上模、注射模的动模上设计螺纹型芯时，因合模时冲击振动较大，为避免螺纹型芯脱落或移动，导致塑件报废或模具损坏，螺纹型芯通常设计成弹性固定形式。

25. 组合式螺纹型环成型的螺纹精度

组合式螺纹型环成型的螺纹精度不高，一般用于成型粗牙螺纹。

26. 推出机构的设计原则

推出机构的设计原则主要有以下几个方面。

（1）在动模设置推动机构较为简单，故设计时应尽可能使塑件留在动模一侧。

（2）保证塑件不变形，不损坏。必须选择合适的推出方式和推出部位，使脱模力得到均匀合理的分布。

（3）保证良好的塑件外观。

（4）推出机构工作可靠、运动灵活、制造方便、脱模容易，且本身具有足够的强度和刚度。

27. 简单推出机构的形式

简单推出机构的形式有推杆推出机构、推管推出机构、推件板推出机构、推块推出机构、活动镶块或凹模推出机构、多元件联合推出机构等。

28. 球形拉料杆适用的推出机构及其固定形式

球形拉料杆适用于推件板推出机构。拉料杆的尾部固定在动模固定板上，不随推出机构移动，当推件板推出塑件时，同时将主流道凝料从球形拉料杆上强制推出。

29. 钩形（Z形）拉料杆适用的推出机构及其固定形式

钩形（Z形）拉料杆与模具中的推杆或推管等推出机构同时使用，Z形拉料杆的尾部固定在推杆固定板上，故在推出塑件时浇注系统凝料也一起被推出，取塑件时朝着拉料钩的侧向稍许移动，即可将塑件连同浇注系统凝料一起取下。

30. 推杆安装位置的设计原则

推杆安装位置的设计原则主要如下。

（1）推杆的位置应选在脱模阻力大的地方，也就是使塑件不易变形的部位。

（2）推杆应尽可能短，但在推动时，一般应将塑件推出至高于型腔或型芯顶面 10 mm 左右，合模时推杆端面一般应高于型腔或型芯表面 0.05～0.1 mm，否则会影响塑件的使用。

（3）推杆与配合孔或型芯孔一般采用 H8/f7～H8/f8 的间隙配合，并保证相应的同轴度，使其在推出过程中不卡滞，配合长度取推杆直径的 1.5～2 倍，通常不小于 12 mm。

（4）推杆通过模具成型零件的位置，应避开冷却通道。

（5）在确保塑件质量和顺利脱模的前提下，推杆数量不宜过多，以简化模具结构和减少对塑件表面质量的影响。

31. 推管推出机构的应用

对于薄壁圆筒形塑件或局部为圆筒形塑件可采用推管推出机构。

32. 推件板推出机构的应用

对于深腔薄壁的容器、壳体形塑件以及不允许有推杆痕迹的塑件可采用推件板推出机构。

33. 浇注系统的组成

浇注系统由主流道、分流道、浇口及冷料穴四部分组成。

34. 浇口位置的选择原则及浇口形式

浇口位置的选择原则如下。

（1）浇口的尺寸及位置选择应避免产生喷射和蠕动。

（2）浇口应开设在塑件断面的最厚处。

（3）应使塑料流程最短，料流变向最少。

（4）应有利于型腔内气体的排出。

（5）应减少或避免塑件的熔接痕，增加熔接强度。

（6）应防止料流时型芯或嵌件受挤压变形。

（7）应考虑分子定向对塑件性能的影响。

注射模浇口形式有直接浇口、点浇口、潜伏式浇口、侧浇口、扇形浇口、平缝浇口、环形浇口、轮辐式浇口、爪形浇口和护耳浇口等。

35. 冷料穴的作用及设置位置

冷料穴的作用是储藏冷料，使熔体顺利地充满型腔。冷料穴一般在主流道或分流道末端设置。

36. 塑料模排气槽的设计原则

塑料模在成型过程中通常可利用模具分型面之间的间隙及模具零件的配合间隙进行排气，有时不能满足时，则需要另开排气槽。因此，根据试模时塑件的成型质量确定是否需要开排气槽以及开排气槽的位置。

排气槽最好设在分型面上，以便清理飞边，排气槽应尽量开设在型腔的一面，这样对模具制造和清理都很方便，排气槽还应开设在料流末端，以利排气。排气槽的深度不应超过塑料的溢料值，其断面多为矩形或梯形。一般深度为 0.03～0.05 mm，宽度取 3～5 mm，以塑料不进入排气槽为度，其出口不能对着操作工人，以防熔融塑料喷出发生人身伤亡事故。

2.6.3 塑料模的加工与装配

1. 型腔模主流道圆锥孔的加工方法

型腔模主流道圆锥孔一般采用以下方法进行加工。

（1）可用标准麻花钻头磨成锥度钻头钻削加工，然后研磨内孔。

（2）依据圆锥孔直径的大小，用直径大小不同的麻花钻头分段钻削，然后用锥度铰刀铰孔。

2. 模具型腔常用的加工方法

目前比较常用的型腔加工方法有冷挤压加工、电火花加工、精密铸造、数控机床加工等。

3. 塑料模的加工与装配方法

在实际生产中，由于塑料制件结构复杂的程度、尺寸大小、精度高低、生产批量以及技术要求等各不相同，因此塑料模的类型和结构形式也不相同，但是其基本原理具有共同点。塑料模的制造加工与装配同样也应根据各单位机床设备的规模、先进程度及操作人员的技术水平而定。

（1）根据塑件产品图样和模具设计图样仔细审核模具结构是否合理，如有不妥之处应向设计和工艺人员提出修改意见，更正后按图样技术要求进行加工。

（2）根据总装图和零件图列出备料清单，一般按图样实际尺寸加 5～8 mm 加工余量。

（3）为了缩短模具制造周期，一般先加工成型零件，再加工其他零件。互相配合尺寸在保证成型零件尺寸精度的前提下，按先主后次、统筹兼顾的原则，安排加工顺序。

（4）型腔和型芯及固定板零件加工完成后进行部件装配，动、定模合模调整好间隙后加工导柱、导套孔；也可以用定、动模板型孔尺寸找正中心，单独加工导柱、导套孔；或以工艺孔为基准加工导柱、导套孔。无论采用何种方法加工都必须保证定、动模型腔、型芯位置精度，否则会出现塑件壁厚不均匀，或塑件尺寸超差，甚至会出现合模时碰坏型腔或型芯工作面的现象。

（5）导柱、导套装配后，定、动模合模，再加工斜导柱孔，然后装配斜导柱、侧抽芯零件及其他零件。

（6）定、动模合模可用橡皮泥检查成型状况。

（7）检查斜滑块及推出机构是否灵活。

（8）有的成型零件要在试模合格后进行热处理及表面处理。

4. 塑料模成型零件常用的材料

塑料模成型零件常用材料根据模具的类型和批量的大小而定。

淬硬模具：Cr12、Cr12MoV、3Cr2W8V、CrWMn、T8A、T10A 等。

渗碳淬硬模具：20、20Cr、20CrMo、18CrMnTi、12CrNi3 等。

调质模具：45、40Cr、38CrMoAlA、35CrMo 等。

冷挤压模具：T3、T4、15、20 等。

5. 塑料模推杆、复位杆、导向零件常用的材料及热处理硬度

常用 45、T8A、T10A 等。热处理硬度值一般为 45～50 HRC。

2.6.4　塑料模的试模及调试

1. 注射模塑前的准备工作

为确保产品质量和注射工艺过程顺利进行，必须做好以下准备工作。

（1）对成型塑料进行质量检验。

（2）塑料干燥。

（3）料筒清洗。

（4）嵌件预热。

（5）脱模剂涂层适量均匀。

2. 确定注射压力的原则

一般情况下采用低压慢速注射成型。但对于熔体黏度高或冷却速度快的塑料以及成型薄壁或长流程塑件，只有采用高压注射才能充满型腔。而成型玻璃纤维增强塑件，为使成型表面均匀、光滑，也必须采用高压注射成型。一般热塑性塑料，注射压力为 40～130 MPa，而聚砜、聚酰亚胺等注射压力要求高些。

3. 注射机的技术参数

注射模必须安装在与其相适应的注射机上进行生产，因此在设计模具时要熟悉注射机的技术参数。主要包括以下几方面。

（1）最大注射量。

（2）最大注射压力。

（3）最大锁模力。

（4）最大成型面积。

（5）最大、最小模厚。

（6）最大开模行程。

（7）安装模板的螺孔位置和尺寸、定位孔尺寸、喷嘴球面半径和喷嘴孔直径等。

4. 注射模与注射机合模部分的关系

注射模与注射机合模部分的相互关系如下。

（1）模具闭合高度应在注射机的最大合模厚度和最小合模厚度之间。

（2）模具浇口套球面半径 R 和小端直径 D 应分别大于注射机喷嘴球面半径 r 和喷嘴孔径 d。可取 $D=d+$（0.5～1）mm；$R=r+$（1～2）mm。

（3）模具外形尺寸应小于注射机拉杆内距。

（4）模具定位圈与注射机固定模板定位孔按 H9/f9 间隙配合。

（5）取出塑件所需要的开模距离必须小于注射机的最大开模行程。

（6）注射模推出机构的推出距离必须与注射机顶出装置的最大顶出距离相适应。

5. 塑料模的试模过程

塑料模制成以后在交付生产以前，都应进行试模。试模的目的不仅是简单地检验模具是否能用于生产，而且还包括对模具设计合理性的评定，对成型工艺条件进行试验探索，如模具温度、料筒温度、注射压力、注射速度等数据的掌握。因此，认真地进行试模并积累经验有利于大批量生产时降低废品率，提高生产效率，有益于模具设计和成型工艺水平的提高。

试模人员必须具备成型设备、原料性能、工艺方法以及模具结构等方面的知识。

以注射模为例，简略介绍试模过程。

（1）装模。装模包括预检、装模、紧固、校正顶杆顶出距离，调节锁模力和接通冷却水管或加热线路等内容。

① 预检。在模具装上注射机以前应根据图样进行检验，以便及时发现问题进行修模。

② 装模。模具吊装时必须注意安全，两人之间要密切配合，防止出现意外。在可能的情况下应尽量整体安装。对于侧向分型与抽芯机构的模具，大多数情况下，滑块应在水平位置，即滑块在水平方向左右移动便于操作。

③ 紧固。当模具定位圈装入注射机固定模板定位孔后，用极慢的速度合模，使移动模板将模具慢慢压紧，然后装上压板、螺栓紧固。

④ 调节顶杆顶出距离。模具紧固后，开模，直到动模停止后退，调节顶杆的位置至距模具上的推板有不小于 5 mm 的间隙，以防止顶坏模具，而又能顶出塑件。不同的机床，调节顶杆顶出距离的方法是不一样的，要注意机床的操作规程。

⑤ 调节锁模力。为了防止塑件溢边又保证型腔适当排气，装模时锁模力的调节很重要。在锁模力没有测定装置时，主要凭目测和经验，即在合模时曲肘机构的肘节移动先快后慢时，锁模力正好合适。而对于全电脑控制注射机，调节锁模力的方法是先设定锁模力参数，再微调注射机后移动模板，使压力表读数与设定值相符。因此，对于不同的机床，调节锁模力的方法是不一样的，要注意机床的操作规程。

对于需要加热的模具，应在模具达到规定温度再调节锁模力。

⑥ 接通冷却水管或加热线路。

（2）试模。

① 试模前必须对设备的油路、水路以及电路进行检查并按规定保养设备，作好开车前的准备。

② 原料应合格，根据推荐的工艺参数将料筒加热。由于塑件大小、形状和壁厚的不同，以及设备上热电偶位置的深度和温度表的误差，因此资料上介绍的塑料成型的料筒温度和喷嘴温度只是一个大致范围，还应根据具体情况调试。可以通过对空注射判断料筒和喷嘴温度是否合适：在喷嘴和主流道脱开的情况下，用较低的注射压力，使塑料熔体自喷嘴中缓慢地流出，观察料流，如果没有硬块、气泡、银丝、变色，而是光滑明亮的，说明料筒和喷嘴温度是比较合适的，这时就可以开始试模。

③ 在开始试模时，原则上选择低压、低温和较长注射时间的条件下成型，然后按压力、时间、温度这样的先后顺序变动，最好不要同时变动两个或三个工艺条件，以便分析和判断，压力变化的影响马上就从塑件上反映出来，如果塑件充不满，通常是首先增加注射压力。当大幅度提高注射压力仍无显著效果时才考虑变动时间和温度。延长时间实质上是使塑料在料筒内受热时间加长。若仍然未充满时，最后才提高料筒温度，但料筒温度的上升以及与塑料温度达到平衡，需要一定的时间，一般约 15 min 左右，不是马上就可以在塑件中反映出来的，因此必须耐心等待，而且不能将料筒温度升得太高，以免塑料过热，甚至发生降解。

④ 注射成型时可采用高速和低速两种工艺。一般在塑件壁薄而面积较大时，采用高速注射；塑件壁厚而面积较小时，采用低压注射；在高速和低速都能充满型腔的情况下，除玻璃纤维增强塑料外，均应采用低速注射。

⑤ 对黏度高和热稳定性差的塑料，采用较慢的螺杆转速和略低的背压加料和预塑，而黏度低和热稳定性好的材料可采用较快的螺杆转速和略高的背压。在喷嘴温度合适的情况下，采用喷嘴固定形式可提高生产效率。但当喷嘴温度太低或太高时，可在每一成型周期中保压结束后，向后移动喷嘴，再加料和预塑（喷嘴温度低时，后加料和预塑时喷嘴离开模具减少了散热，故可使喷嘴温度升高；而喷嘴温度太高时，后加料和预塑时可挤出一些过热的塑料）。在试模过程中，应作详细记录，并将结果填入试模记录卡，注明模具是否合格，如需返修，则应提出返修意见。在记录卡中，应摘录成型工艺条件及操作注意要点，并附上所成型的塑件，以供备查参考。经检验人员检验产品零件和模具，合格后将模具清理干净，打上标记，涂上防锈油，然后入库。

6. 塑件的表面质量

塑件的表面质量是指塑件的表面缺陷（如斑点、条纹、凹痕、气泡、变色等）以及表面光泽度和表面粗糙度等。

7. 注射模在成型过程中，冷却速度过快或模具温度不均匀产生的缺陷

冷却速度过快或模具冷却不均匀会导致塑件各部位收缩不均匀，从而使塑件产生内应力或使塑件变形。

8. 注射模试模时，料筒温度不当产生的缺陷

注射模试模时，料筒温度太高会产生溢边、凹痕、银丝、气泡、翘曲、变形等缺陷；料筒温度太低会产生塑件不全，有熔接痕、裂纹等缺陷。

9. 注射模试模时，注射压力不当产生的缺陷

注射模试模时，注射压力太高会产生溢边、裂纹、翘曲、变形等缺陷；注射压力太低会产生塑件不全、凹痕、熔接痕、气泡等缺陷。

10. 注射模试模时，模具温度不当产生的缺陷

注射模试模时，模具温度太高会产生凹痕、翘曲、变形等缺陷；模具温度太低会产生塑件不全、凹痕、熔接痕等缺陷。

11. 注射模试模时，注射速度不当产生的缺陷

注射模试模时，注射速度太快会产生塑件不全等缺陷；注射速度太慢会产生银丝、熔接痕、裂纹、塑件不全等缺陷。

12. 注射模试模时，成型周期太长产生的缺陷

注射模试模时，成型周期太长会产生溢边、银丝等缺陷。

13. 注射模试模时，加料不当产生的缺陷

注射模试模时，加料太多会产生溢边等缺陷；加料太少会产生塑件不全、凹痕等缺陷。

14. 注射模试模时，原料含水分太多产生的缺陷

注射模试模时，原料含水分太多会产生凹痕等缺陷。

15. 注射模试模时，分流道或浇口太小产生的缺陷

注射模试模时，分流道或浇口太小会产生塑件不全、凹痕、银丝、熔接痕等缺陷。

16. 注射模试模时，排气不好产生的缺陷

注射模试模时，排气不好会产生塑件不全、银丝、气泡等缺陷。

17. 注射模试模时，塑件太薄产生的缺陷

注射模试模时，塑件太薄会产生塑件不全等缺陷。

18. 注射模试模时，塑件太厚或变化太大产生的缺陷

注射模试模时，塑件太厚或变化太大会产生凹痕、塑件不全等缺陷。

19. 注射模试模时，锁模力不足产生的缺陷

注射模试模时，锁模力不足会产生溢边等缺陷。

20. 抽芯时的干涉及消除的方法

侧型芯的水平投影与推杆相重合，或推杆的推出距离高于侧型芯的成型底面时，若仍采用复位杆复位，则可能会产生推杆与侧型芯相干涉的现象。因为这种复位形式，滑块可能先于推杆复位，致使侧型芯或推杆损坏。为了避免这一现象，在模具结构允许的情况下，应尽量避免推杆与侧型芯的水平投影相重合，或使推杆的推出距离低于侧型芯的成型底面，或调整斜导柱的斜角使推杆先于侧型芯复位。如果上述措施都无法绝对避免推杆与侧型芯相干涉的现象，应采用推出机构先复位机构。

21. 斜滑块的装配要求

斜滑块的装配要求如下。

为了保证斜滑块在合模时拼合紧密，在注射成型时不产生溢料，要求斜滑块底部与模套之间有 0.2～0.5 mm 的间隙，同时还必须高出模套 0.2～0.5 mm，以保证滑块与模套有磨损时仍能保持配合的紧密性。

2.6.5　压铸与铸造的基本知识

1. 压铸模和注射模的相同点及不同点

两种模具的相同点如下。

（1）由动模和定模组成，成型零件、导向机构、侧向分型抽芯机构、推出机构的基本结构相似。动模固定在移动模板上，定模固定在固定模板上，借助合模机构来完成开合模动作。

（2）两种模具零件的加工工艺过程基本相同。

两种模具的不同点如下。

（1）注射模用于成型热塑性塑料；而压铸模用于成型有色金属，主要用于成型铝合金和锌、铅等低熔点合金。

（2）塑料的加热和塑化是在注射机的高温料筒内完成的，而铝合金的加热熔化是在单独的电炉中完成的。

（3）熔融塑料在注射机的柱塞或螺杆压力作用下，经过注射机喷嘴和模具浇注系统高速注入型腔，成型周期短，生产效率高，容易实现自动化。热室压铸机是自动加料；而冷室压铸机目前还是人工加料，在压铸机的柱塞压力作用下，高速注入型腔，人工加料生产效率较低，成型周期比塑料模长。

（4）压铸模成型零件的脱模斜度大于注射模，压铸模的导向零件、推出机构之间配合间隙大于注射模。

（5）压铸件的飞边毛刺比塑件大。

2. 影响压铸模脱模斜度的因素及脱模斜度的取值范围

压铸模脱模斜度的大小与铸件的几何形状、复杂程度、深度、壁厚、型腔和型芯表面粗糙度、加工纹路方向等有关，在允许的范围内，采用较大的脱模斜度，以减小所需的推出力或抽芯力，一般为 $1°\sim1°30'$。

3. 压铸机锁模力的作用

锁模力的主要作用是克服模具型腔中金属熔体的反压力以锁紧模具分型面，防止金属飞溅，保证铸件的尺寸精度。

4. 压铸机开模距离的确定原则

压铸机合模后必须严密地锁紧模具分型面，因此要求模具的闭合高度大于压铸机的最小合模距离。

压铸机开模后，铸件应能顺利取出，因此要求铸件从模具中取出时所需的开模距离必须小于压铸机的最大开模距离。

5. 根据开模力和推出力选用压铸机的原则

压铸时，估算的开模力和推出力应小于所选用压铸机的最大开模力和推出力。

6. 压铸模上溢料槽和排气槽的作用

压铸模上溢料槽和排气槽的作用是有利于排出冷料、残渣，改善排气。

7. 压铸件实际收缩率的计算方法

压铸件实际收缩率 $Q_实$ 是指室温时的模具型腔尺寸减去铸件的实际尺寸之差与模具型腔尺寸之比，即

$$Q_实=\frac{A_型-A_实}{A_型}\times100\%$$

式中　$A_型$——室温下模具型腔尺寸，mm；

　　　$A_实$——室温下压铸件实际尺寸，mm。

8. 影响压铸件收缩率的因素

压铸件的收缩率应根据铸件的结构特点、收缩条件、收缩方向、铸件的壁厚、合金成分以及工艺参数来确定。

9. 压铸模成型零件在试模后进行氮化处理的作用

压铸模铸件尺寸精度一般都要经过试模后才能确定，有时要经过多次试模修改加工，所以有的成型零件是经过试模，铸件尺寸精度合格后，再进行热处理。如进行淬火处理会产生氧化脱落而影响尺寸精度及表面粗糙度，这时通常采取氮化处理。氮化处理的优点：① 不

会产生氧化脱落现象；② 成型零件内韧外硬，避免成型零件在生产中折断；③ 不会因高温而产生表面裂纹；④ 氮化处理后的成型零件还有利于铸件脱模。

10. 铝的熔点

铝的熔点为 658 ℃。

11. 压铸时铝液的温度过高或过低可能产生的缺陷

压铸时铝液的温度过高会产生溢边、凹痕、气孔，温度过低会产生铸件不全、裂纹、熔接痕、夹渣等。

12. 压铸模装配时安装平面与分型面平行度要求

模具安装平面与分型面之间平行度误差，在厚度 200 mm 内不大于 0.10 mm。合模后分型面局部间隙不大于 0.05 mm（不包括排气槽）。

13. 压铸模滑块平面与配合面间隙值

压铸模装有型芯的滑块端面要求密合，但滑块平面与模板的配合面，允许留有不大于 0.15 mm 的间隙。

14. 压铸模分型面镶块与套块平面的关系

分型面上镶块平面允许高出套块平面，但不大于 0.05 mm。

15. 压铸模推杆与型腔表面的关系

推杆应能在固定板中灵活转动，但其轴向配合间隙不大于 0.01 mm。推杆复位时，不允许低于型腔表面，可凸出表面，但不大于 0.10 mm。

16. 压铸模复位杆与分型面的关系

复位杆应与分型面平齐，或低于分型面 0.05 mm，但不能高出分型平面。

17. 低压铸造的概念

低压铸造是利用压缩空气的压力将液态金属平衡地自下而上地压入铸型，并在一定的压力下使其凝固而获得铸件的方法。由于作用于液面上的压力一般不超过 0.25 MPa，远远低于压铸时的压力，因而称为低压铸造。

18. 精密铸造的种类

精密铸造的种类有失蜡铸造、陶瓷型铸造、壳型铸造。

第 3 章　冷冲模制作指导

　　冷冲模的制作是在冷冲模设计及模具零件的加工工艺完成之后进行的。要完成冷冲模的制作，首先必须审核模具设计图样，确定外购件的名称、材料、规格、数量及标准代号；结合实习场地实际具有的模具加工设备，调整非标准零件或成形零件的加工工艺，再来进行模具零件的加工及装配；最后进行试模调整，直至冲出合格的制件，模具使用良好为止。下面以一副冲裁级进模为例，根据如图 3-1～图 3-11 所示的全套图样及主要非标准零件的加工工艺，叙述该模具的制作过程。

3.1　冲裁级进模的装配工艺及主要非标准零件的加工工艺

3.1.1　冲裁级进模的装配图及装配工艺

1. 冲裁级进模的装配图（如图 3-1 所示）

2. 冲裁级进模的装配工艺

（1）装配前的预加工。

① 将凹模按工作位置安放在下模座上并夹紧，用划针在下模座上画出漏料型孔线并加工漏料孔，使各边比型孔线大 1～2 mm。

② 找上模座中心，镗模柄孔。

（2）凸模与固定板的组装。

① 将安装直通式凸模的型孔倒角、台阶式凸模型孔沉孔。

② 将直通式凸模尾部退火并反铆。

③ 安装凸模。

④ 磨凸模固定板的背面和刃口面。

（3）总装。

① 将凹模安装在下模座上。

a. 将凹模按工作位置放在下模座上，使凹模型孔与下模座漏料孔对准后用平行夹夹紧。

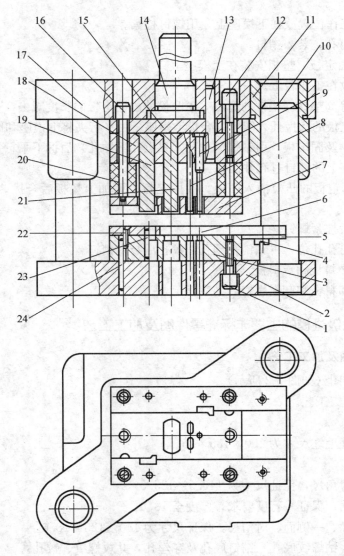

1、4、12、22—螺钉；2—下模座；3—凹模；5—承料板；6—导料板；7—卸料板；
8、9—凸模；10—导柱；11导套；13、23、24—销钉；14—模柄；15—垫板；
16—卸料螺钉；17—上模座；18—固定板；19—侧刃；20—橡胶；21—凸模

图 3-1　冲裁级进模

引钻螺钉过孔（只点孔不钻孔）。

　　b. 拆开平行夹，加工下模座上的螺钉过孔并沉孔。

c. 将凹模按工作位置放在下模座上，用螺钉拧紧。

d. 钻、铰销钉孔，装入销钉。

② 将凸模及固定板、垫板安装在上模座上。

a. 将下模平放在工作台上。

b. 放上两块等高垫铁（垫铁的高度等于凸模伸出固定板的长度减去 3～5 mm）。

c. 将装有固定板的凸模插入凹模，合拢上模座，用平行夹将上模座和固定板夹紧。

d. 拔出上模座及固定板，引钻螺钉过孔（只点孔不钻孔）后拆下平行夹。

e. 加工上模座上的螺钉过孔并沉孔。

f. 再将装有固定板的凸模插入凹模，在固定板上面加上垫板后合拢装入带有模柄的上模座，再装入螺钉。

g. 调整间隙后拧紧螺钉。

h. 先引钻销钉孔孔位，再钻销孔预孔，铰孔后装入销钉。

③ 下模安装导料板和承料板。

④ 上模安装卸料板和卸料螺钉后结束。

3.1.2　冲裁级进模的主要非标准零件图及加工工艺

1. 凹模零件图及加工工艺

（1）凹模零件图（如图 3-2 所示）。

（2）凹模的加工工艺。

① 下料。

② 锻打，保证毛坯尺寸为 150×135×25。

③ 退火。

④ 刨六面、对角尺，保证尺寸为 140.5×125.5×19.2。

⑤ 磨上下两面，保证平行度要求，厚度至 18.6。

⑥ 精铣一端面、一侧面、对角尺，保证尺寸为 140×125×18.6。

⑦ 钳工划线，钻螺纹底孔、销钉底孔及穿丝孔，并攻螺纹、铰孔。

a. 按如图 3-2 所示划螺钉、销钉孔及型孔中心线。

b. 钻螺纹底孔、销钉底孔及型孔穿丝孔。

c. 钳工攻螺纹，铰孔。

⑧ 淬火、回火至硬度值为 60～62 HRC。

⑨ 磨上下两面，保证平行度要求，厚度至 18.2。

⑩ 退磁。

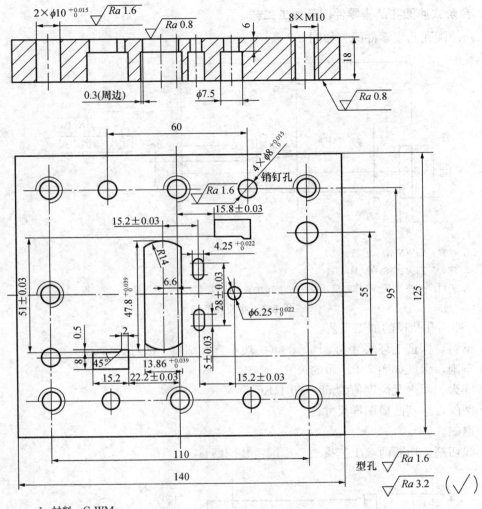

1. 材料：CrWMn；

2. 淬火、回火：60～62 HRC；

3. 侧刃型孔按侧刃实际尺寸加 0.095 mm 的单边间隙制作。

图 3-2 凹模

⑪ 线切割，按如图 3-2 所示的位置及尺寸进行加工。

⑫ 用酸腐蚀漏料孔。

⑬ 回火。

⑭ 磨腐蚀后的平面，保证平行度要求，厚度至 18。

2. 台阶式冲圆孔凸模零件图及加工工艺

（1）冲圆孔凸模零件图（如图 3-3 所示）。

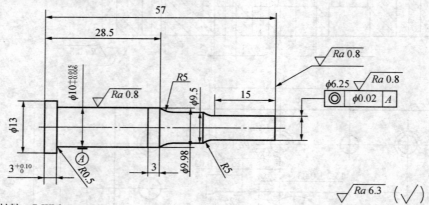

1. 材料：CrWMn；
2. 淬火、回火：58～60 HRC；
3. 刃口尺寸按凹模型孔实际尺寸成 0.19 mm 的双面间隙制作。

图 3-3　冲圆孔凸模

（2）冲圆孔凸模的加工工艺。

① 下料，保证毛坯尺寸为 $\phi16\times80$（一般小直径圆料不锻打）。

② 车削，保证如图 3-4 所示的尺寸。

③ 淬火、回火至硬度值为 58～60 HRC。

④ 磨削，达到凸模图样尺寸。

⑤ 退磁。

⑥ 线切割，切断两端工艺夹头，小端留装配磨量。

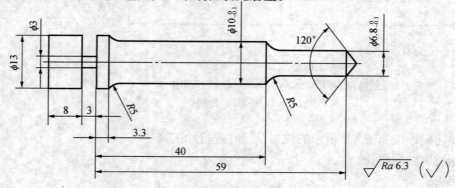

图 3-4　车削工序图

3. 直通式凸模和侧刃的零件图及加工工艺

(1) 冲长圆孔凸模的零件图（如图 3-5 所示）。

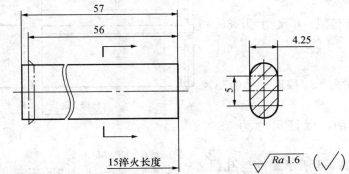

1. 材料：CrWMn；

2. 淬火、回火：58～60 HRC；

3. 刃口尺寸按凹模型孔实际尺寸成 0.19 mm 的双面间隙制作。

图 3-5　冲长圆孔凸模

(2) 落料凸模的零件图（如图 3-6 所示）。

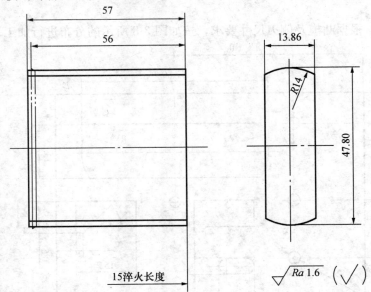

1. 材料：CrWMn；

2. 淬火、回火：58～60 HRC；

3. 刃口尺寸按凹模型孔实际尺寸成 0.19 mm 的双面间隙制作。

图 3-6　落料凸模

（3）侧刃的零件图（如图3-7所示）。

（4）直通式凸模和侧刃的加工工艺。

① 下料。

② 锻打，保证毛坯尺寸为 88×63×62。

③ 退火。

④ 刨六面、对角尺，保证尺寸为78×53×58.2。

⑤ 磨上下平面，保证尺寸为 78×53×57.6。

⑥ 钳工按如图 3-8 所示划穿丝孔线、钻穿丝孔。

⑦ 淬火、回火至硬度值为：58～60 HRC。

⑧ 磨上下平面，保证尺寸为 78×53×57。

⑨ 退磁。

⑩ 线切割，根据凸模及侧刃尺寸要求，按如图3-8所示的分布进行加工。

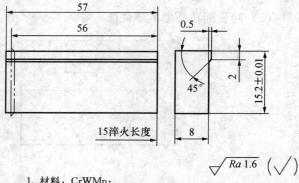

1. 材料：CrWMn；
2. 淬火、回火：58～60 HRC。

图 3-7 侧刃

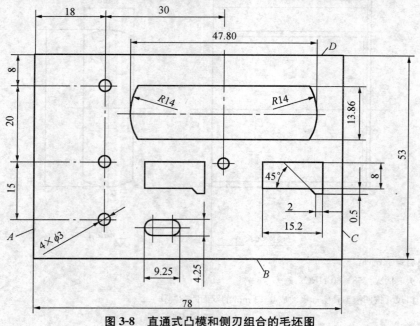

图 3-8 直通式凸模和侧刃组合的毛坯图

4. 卸料板的零件图及加工工艺

（1）卸料板的零件图（如图 3-9 所示）。

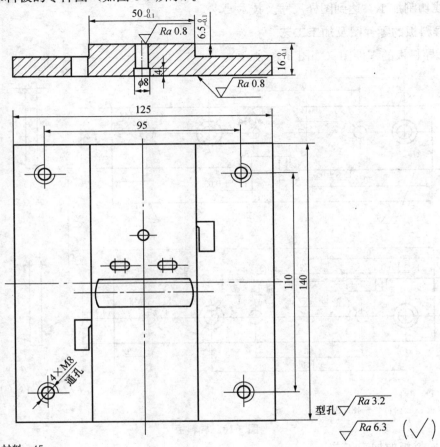

1. 材料：45；
2. 型孔位置与凹模一致；
3. 型孔尺寸与凸模成 0.2 mm 的双边间隙制作。

图 3-9　卸料板

（2）卸料板的加工工艺。

① 备料，保证毛坯尺寸为 $150 \times 135 \times 20$。

② 刨六面、对角尺，保证尺寸为 $140.5 \times 125.5 \times 16.5$。

③ 磨上下两面，对角尺，保证平行度要求，厚度至 16。

④ 精铣一端面、一侧面，对角尺，保证尺寸为 $140 \times 125 \times 16$。

⑤ 铣台阶，保证尺寸为：$50_{-0.1}^{0}$ 和 $6.5_{-0.1}^{0}$。

⑥ 钳工按如图 3-9 所示划螺纹孔及型孔中心线，钻线切割穿丝孔和螺丝底孔，攻螺纹。

⑦ 退磁。

⑧ 线切割加工，达到图样尺寸及技术要求。

5. 导料板的零件图及加工工艺

（1）导料板的零件图（如图 3-10 所示）。

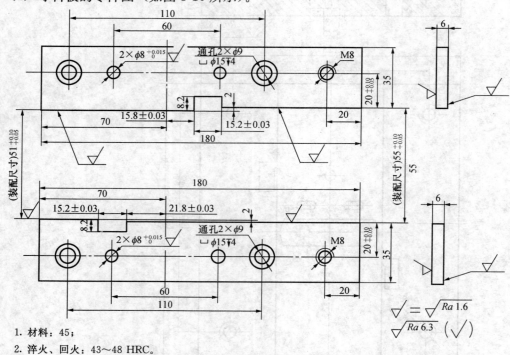

1. 材料：45；

2. 淬火、回火：43～48 HRC。

图 3-10　导料板

（2）导料板的加工工艺。

① 备料，保证毛坯尺寸为 185×45×10。

② 刨六面、对角尺，保证尺寸为 180.5×42.5×7。

③ 磨上下两面，保证平行度要求，厚度至 6.4。

④ 精铣一端面、一侧面，对角尺，保证尺寸为 180×42×6.4。

⑤ 钳工按图划各孔中心线，钻 $4×\phi8^{+0.015}_{0}$ 的穿丝孔，$4×\phi9$ 的通孔并沉孔，钻 $2×M8$ 的底孔并攻螺纹。

⑥ 淬火、回火至硬度值为 43～48 HRC。

⑦ 磨上下两面，保证平行度要求，厚度至 6。

⑧ 退磁。

⑨ 线切割，割 $4 \times \phi 8^{+0.015}_{0}$ 的销钉孔和导料部分，保证图样尺寸。

6. 固定板的零件图及加工工艺

（1）固定板的零件图（如图 3-11 所示）。

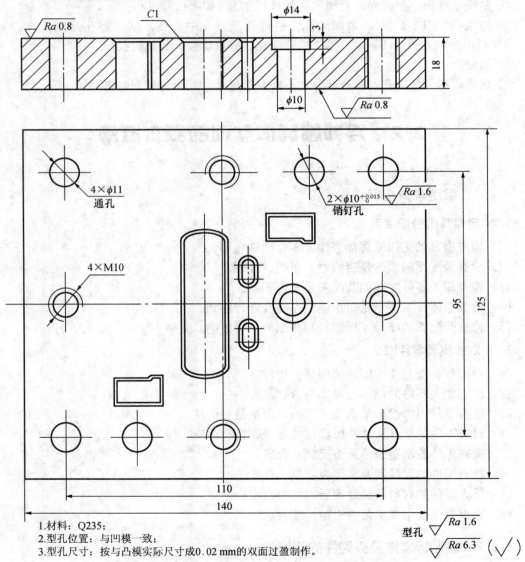

1. 材料：Q235；
2. 型孔位置：与凹模一致；
3. 型孔尺寸：按与凸模实际尺寸成0.02 mm的双面过盈制作。

图 3-11 固定板

（2）固定板的加工工艺。

① 备料，保证毛坯尺寸为 146×131×25。

② 刨六面、对角尺，保证尺寸为 140.5×125.5×18.8。

③ 磨上、下两面，保证平行度要求，厚度至 18.2。

④ 精铣一端面、一侧面，对角尺，保证尺寸为 140×125×18.2。

⑤ 钳工按如图 3-11 所示划螺纹孔、销钉孔及型孔中心线，钻各型孔穿丝孔、4×ϕ11 孔、4×M10 螺纹底孔和 2×ϕ10$^{+0.015}_{0}$ 销钉底孔，并攻螺纹、铰销钉孔。

⑥ 退磁。

⑦ 线切割加工各型孔，配合部分达图样要求尺寸，其余待装配时再加工。

3.2　冷冲模制作实训的技术准备

3.2.1　审定模具全套图样

1. 审定模具的装配关系

（1）检查模具的工作原理能否保证零件准确成形。

（2）检查装配图的表达是否清楚、正确、合理。

（3）检查相关零件之间的装配关系是否正确。

（4）检查总体技术要求是否正确、完整及能否达到。

（5）检查装配图的序号、标题栏和明细表是否正确、完整。

2. 审定各模具零件图

（1）检查零件图与装配图的结构是否相符。

（2）检查相关零件的结构与尺寸是否吻合。

（3）检查零件图的投影关系是否正确，表达是否清楚。

（4）检查零件的形状尺寸和位置尺寸是否完整、正确。

（5）检查零件的制造公差是否完整、合理。

（6）检查零件的粗糙度要求是否完整、合理。

（7）检查零件的材料及热处理要求是否完整、合理。

（8）检查其他技术要求是否完整，能否达到。

3.2.2　编制标准件及外购件的明细表

待制冷冲模标准件及外购件明细表见表 3-1。

表 3-1　待制冷冲模标准件及外购件明细表

零（部）件名称	零件序号	规格及标准代号	数量
模架	2、10、11、17	140×125×140—70 GB/T 2851—2008	1 副
螺钉	1、12	M10×45（GB/T 70.1—2000）	8 个
螺钉	4	M8×6（GB/T 70.1—2000）	2 个
销钉	13、24	ϕ10×45（GB/T 119.1—2000）	4 个
销钉	23	ϕ8×20（GB/T 119.1—2000）	4 个
橡胶	20		4 块
螺钉	22	M10×10（GB/T 70.1—2000）	4 个

3.2.3　审定待加工零件的加工工艺

1. 审定待加工零件加工工艺的内容

待加工零件的加工工艺要进行全面审核，既要保证零件图样的技术要求，又要符合模具制作实训基地的具体情况（如基地的设备情况、工艺及技术水平等）。其主要审定内容如下。

（1）审定原定工艺路线能否达到图样的技术要求。

（2）审定选用加工设备的技术经济成本是否合理。

（3）审定原定工艺所采用的设备实训基地是否具备，若不具备则要改变加工工艺，尽量采用实训基地现有的加工设备，在保证图样要求的前提下加工零件。

（4）审定原工艺过程中的二类工具在实训基地中是否具备，若不具备，也要考虑改变加工工艺，尽量采用实训基地现有的条件进行加工。

（5）若确有特殊要求而实训基地确实无法加工时，应考虑外协加工，尽可能地减少外协加工量，以降低模具制作的成本。

2. 审定待加工零件的加工工艺示例

（1）审定台阶式凸模的加工工艺。如果该件采用的是通用设备，不需采取特殊措施就可以保证图样尺寸精度和表面粗糙度的要求，则该零件的加工工艺可行。

（2）审定落料凹模的加工工艺。如果该件除采用了数控线切割机床加工外，其他设备也为通用设备，并且采用普通线切割的加工方法即可保证图样尺寸及表面粗糙度等技术要求，则该零件的工艺可行。

3.2.4 确定待加工零件的毛坯尺寸或毛坯图

1. 台阶式圆凸模的毛坯尺寸

台阶式圆凸模如图 3-3 所示，其毛坯尺寸根据车削工序图（如图 3-4 所示）确定。毛坯直径按车削工序图的最大直径加上双边车削余量 3 mm，并取标准值，则为 16 mm；长度的左右两边各保留 5 mm，则全长为 80 mm。因该毛坯直径较小，故不需锻打，直接得出毛坯的下料尺寸为 $\phi16×80$。

2. 凹模毛坯的锻件尺寸及棒料的下料尺寸

（1）锻件尺寸确定。凹模如图 3-2 所示，其最终外形尺寸为 140×125×18。因为凹模外形要经过刨六面、磨上下两面、精铣一端面一侧面、淬火、回火后再磨上下两面、酸腐蚀后还要磨腐蚀面的加工过程，所以将外形尺寸加上每次加工的余量后就是毛坯的锻造尺寸。

厚度：酸腐蚀的磨量为单边 0.2 mm，淬火、回火后磨上下平面的余量各为 0.2 mm，刨削后磨上下平面的余量各为 0.3 mm，锻造后的上下平面刨削余量各为 3 mm，则该件的锻造毛坯厚度为 18＋0.2＋0.2×2＋0.3×2＋3×2＝25.2 mm，取整数值后为 25 mm。

同理，长度和宽度的锻造尺寸为 150×135。由此可得该件的锻造毛坯尺寸为 150×135×25。

（2）棒料锯料尺寸的确定。

① 计算锻件体积。

$$V_a = 150 \text{ mm} × 135 \text{ mm} × 25 \text{ mm} = 506\ 250 \text{ mm}^3$$

② 计算棒料体积。

因为棒料锻打后有一些火耗量，故要乘以系数 K

$$V_P = KV_a = 1.05 × 506\ 250 \text{ mm}^3 = 531\ 562 \text{ mm}^3$$

K 取 1.05～1.10。锻打 1～2 次时取 $K=1.05$，火次增加时取大值。

③ 计算棒料直径。

棒料的长径比取 2：1，则

$$D_j = \sqrt[3]{\frac{2}{\pi} V_P} = \sqrt[3]{0.637 \times 531\,563}\,\text{mm} = 69.7\ \text{mm}$$

④ 确定实用棒料的直径 D。

$D \geqslant D_j$ 并应取现有棒料直径规格中与 D_j 最接近的值，则取 $D = 70$ mm。

⑤ 计算锯料长度 L。

$$L = \frac{4}{\pi} \times \frac{V_P}{D^2} = 1.273 \times \frac{531\,563}{70^2}\,\text{mm} = 138.1\ \text{mm}$$

注：锻件下料尺寸计算步骤及公式参见由冯炳尧等编写、上海科学技术出版社出版的《模具设计与制造简明手册》第二版（2001 年），第 668 页。

3. 固定板毛坯的锯料尺寸

固定板的最终外形尺寸为 $140 \times 125 \times 18$。因为固定板外形要经过刨六面、磨上下两面、精铣一端面一侧面、凸模装入固定板后还要磨背面的加工过程，则固定板的厚度应为 18 mm＋磨背面厚度 0.2 mm＋磨上下表面的各 0.3 mm＋板料刨削的上下平面各留 2 mm，再取标准板料厚度值，即 $(18+0.2+2 \times 0.3+2 \times 2)$ mm＝22.8 mm，若取标准材料厚度则为 25 mm。长度 140 mm 留出刨、磨余量后为 146 mm，宽度留出刨、磨余量后为 131 mm，则毛坯锯料尺寸为 $146 \times 131 \times 25$。

4. 其他零件的毛坯尺寸

其他零件的毛坯尺寸参照上述方法确定。

3.3 冲裁模主要零件的加工与装配示范

先按图样要求完成所有零件的加工再进行总装，是一般部件加工顺序。而模具零件常常不能一次全部完成所有加工内容。因为模具在进行部件组装或整模组装时常用到修配或配作工艺，一些加工内容（如钻、铰销孔）要待装模时加工。模具零件的加工顺序还与模具的装配方法有关。

模具成形零件的加工是关键。所涉及的加工工艺有其特殊性，本节选取本例的部分主要零件作为模具零件加工的示范实例。

3.3.1 冲裁凸、凹模加工

1. 凸、凹模的常用加工方法

凸模和凹模的加工方法根据其设计计算方法的不同，一般有分开加工和配合加工两种，其加工特点和适用范围见表3-2。

表3-2　凸模和凹模的两种加工方法比较

加工方法	加工特点	适用范围
分开加工	凸、凹模分别按图样加工至尺寸要求，凸模和凹模之间的冲裁间隙由凸、凹模的实际尺寸之差来保证	1. 凸、凹模刃口形状较简单，特别是圆形，一般直径大于5 mm时，基本都用此法； 2. 要求凸模或凹模具有互换性时； 3. 成批生产时； 4. 加工手段比较先进时
配合加工	先加工好凸模（或凹模），然后按此凸模（或凹模）配作凹模（或凸模），并保证凸模和凹模之间的规定间隙值	1. 刃口形状比较复杂时； 2. 凸、凹模间的配合间隙比较小时； 3. 非圆形冲孔模，先加工凸模，再配作凹模；非圆形落料模，先加工凹模，再配作凸模

　　凸模和凹模的加工方法主要根据凸模和凹模的形状和结构特点，并结合企业实际生产条件来决定，常用加工方法见表3-3、表3-4。

表3-3　冲裁模凸模常用加工方法

凸模形式		常用加工方法	适用场合
圆形凸模		车削加工，淬火、回火后精磨，最后表面抛光及刃磨	各种圆形凸模
非圆形凸模	台阶式	铣、磨加工。用普通铣（划线）、数控铣（编程）粗加工轮廓，周边留0.2～0.3 mm单边余量，淬火、回火后用成形磨床或坐标磨床或数控磨床加工，磨刃口	冲裁较小孔的凸模
	直通式	方法一：线切割加工。粗加工毛坯，磨安装面和基准面，划线加工安装孔、穿丝孔，淬火、回火后磨安装面和基准面，线切割加工成形、抛光、磨刃口	形状较复杂或较小、精度较高的凸模
		方法二：成形磨削。粗加工毛坯，磨安装面和基准面，划线加工安装孔，加工轮廓，留0.2～0.3 mm单边余量，淬火、回火后磨安装面和基准面，再用成形磨床或坐标磨床或数控磨床加工、磨刃口	形状不太复杂、精度较高的凸模或镶块

表 3-4　冲裁模凹模常用加工方法

型孔形式	常用加工方法	适用场合
圆形孔	方法一：钻铰法。粗加工毛坯，磨安装面和基准面，划线加工安装孔，钻、铰凹模型孔，淬火、回火后磨安装面和基准面，抛光型孔	孔径小于 5 mm 的凹模
圆形孔	方法二：磨削法。粗加工毛坯，磨安装面和基准面，划线加工安装孔，钻、镗凹模型孔，淬火、回火后磨安装面和基准面和凹模型孔，抛光	型孔尺寸较大的凹模
圆形孔	方法三：切线割加工。粗加工毛坯，磨安装面和基准面，划线加工安装孔和穿丝孔，淬火、回火后磨安装面和基准面，线切割加工型孔，研磨抛光	各种圆形孔
圆形孔系	方法一：坐标（数控）磨削加工。粗加工毛坯，磨安装面和基准面，划线加工安装孔，铣、镗型孔，淬火、回火后磨安装面和基准面，用坐标磨床或数控磨床磨削加工型孔，抛光	尺寸较大的圆形孔系
圆形孔系	方法二：线切割加工。方法同上	各种圆形孔系
非圆形孔	方法一：线切割加工。方法同上	各种形状、精度较高的凹模
非圆形孔	方法二：坐标（数控）磨削加工。粗加工毛坯，磨安装面和基准面，划线加工安装孔，用数控铣床加工型孔预孔，淬火、回火后磨安装面和基准面，用坐标（数控）磨床磨型孔，抛光	型孔尺寸较大，精度较高的凹模
非圆形孔	方法三：成形磨削。按镶块结构粗加工毛坯，磨安装面和基准面，划线加工安装孔，加工轮廓，淬火、回火后磨安装面和基准面，磨削成形轮廓，研磨抛光	镶拼凹模
非圆形孔	方法四：电火花加工。粗加工毛坯，磨安装面和基准面，划线加工安装孔，预加工型孔，淬火、回火后磨安装面和基准面，做电极加工凹模型孔，最后研磨抛光	形状复杂、精度较高的整体凹模

注：表中加工方法应根据工厂设备情况和模具要求选用。

2. 凸模的加工

凸模分为圆形凸模和非圆形凸模两类。

（1）圆形凸模的加工示范。

对截面较小的圆形凸模，强度、刚度较弱时采取车、磨加工，台肩固定，强度、刚度较好时一般采用线切割加工成形，再进行尾部退火铆接的装配工艺；而较大截面的圆形凸模（凸凹模）有时也采用车削、磨削结合或线切割加工，最后再采用螺钉、销钉紧固的装配方法。圆形小凸模如图 3-3 所示，数量为 1 件，其毛坯尺寸为 $\phi16 \times 80$，具体加工方法如下。

① 下料。将 $\phi16$ 的圆棒料夹持在锯床的台虎钳中。棒料伸出锯条外端 80 mm 并夹紧。再开动锯床，锯下备用的毛坯。

② 车削加工，按如图 3-4 所示车削工序图加工。

a. 车反顶尖外形。将棒料夹在车床的三爪自定心卡盘中，伸出三爪自定心卡盘约 10 mm 左右并夹紧。先用外圆车刀将端面车平，再用偏刀车出 120°的外顶尖形状。车完后松开工件。

b. 车凸模中部。将毛坯件放入三爪自定心卡盘中，毛坯料头伸出卡盘端面约 5 mm 左右后夹紧，尾部用反顶尖顶紧。

车 $\phi13$ 的外圆，保证长度尺寸 72。

用 $R5$ 的外圆车刀车图示尺寸 $\phi6.25$ 处至 $\phi6.8_{-0.1}^{0}$，保证长度尺寸 19。

用 $R5$ 的外圆车刀，车图示尺寸 $\phi10_{+0.006}^{+0.015}$ 处到 $\phi10.4_{-0.1}^{0}$，保证长度尺寸 36.7。

用宽度为 3 mm 的切断刀切槽，保证尺寸 59 和 $\phi3$。

松开后调头，夹 $\phi13$，将 8 mm 长的一段留出 4 mm 后夹紧，用切断刀切断，保证 $\phi13$ 的长度尺寸 8。

③ 淬火、回火至硬度值为 58～60 HRC。

④ 磨削。

在外圆磨床的左端用三爪自定心卡盘夹紧 $\phi13$ 的外圆，右端用反顶尖顶紧，开动砂轮，分别磨削 $\phi6.25$、$\phi9.5$、$\phi9.98$、$\phi10_{+0.006}^{+0.015}$ 到尺寸，且达表面粗糙度要求。

⑤ 退磁。

⑥ 线切割，割掉凸模两端，小端留装配磨量，其余达图样尺寸。

⑦ 检验后转钳工处待装。

（2）直通式凸模（侧刃）的加工示范。

直通式凸模可以采用线切割加工，也可采用刨、铣加工后用成形磨削加工。由于本例的冲裁零件要求不高，模具零件相对来说要求也不是很高，故本例中的两个直通式凸模和直通式侧刃都可以采用线切割加工成形。由于线切割加工凸模的毛坯可以是每个零件一个毛坯（大截面的凸模），也可以将一副模具中的直通式凸模集中在一块毛坯上（小尺寸的凸模），以节省毛坯边缘和装夹边料。由于本例中的两个直通式凸模（如图 3-5、图 3-6 所示）和两个侧刃（如图 3-7 所示）的尺寸都较小，故将四个零件集中在一块毛坯上，如图 3-8 所示。具体加工方法如下。

① 下料。

② 锻打，保证毛坯尺寸为 88×63×62（注：锻打毛坯尺寸和棒料下料尺寸计算前面已述，此处从略）。

③ 退火。

④ 刨六面、对角尺，保证尺寸为 78×53×58.2。

具体刨削过程如下。

a. 在刨床台虎钳中垫入两块等高垫铁，高度以毛坯上面露出钳口 8 mm 左右为宜，装夹两侧面，夹紧时用铜棒敲击顶面，使毛坯放平后再夹紧。刨上平面，待上平面刨出的面积大于 78×53 后结束，松开台虎钳，取下工件。

b. 翻面装夹两侧面，用铜棒敲击翻面后的上平面，使下平面全部都与等高垫铁上平面接触后夹紧。再刨翻面后的上平面，刨到厚度为 58.2 后取下工件。

c. 松开台虎钳的锁紧螺钉，将台虎钳的钳口调到平行于刨床床头的运动方向（刻度对 0 或 90°）后锁紧。再将工件刨过的两面接触钳口（侧放以宽度方向作为高度方向）夹紧，夹紧时也要用铜棒敲击顶面，使底面与台虎钳底部全部接触后再夹紧（若毛坯较窄，也要加等高垫铁）。刨到工件侧面的被刨边缘长度大于 78 后取下工件。

d. 刨过的侧面放在下面，用以上相同的方法夹紧，刨到宽度尺寸达到 53 后取下工件。

e. 将工件竖起，用角尺的底面放在钳口，使角尺的侧面与工件的侧面平行后夹紧，刨顶面，使顶面全部都刨出后取下工件。

f. 调头装夹，用上述方法对角尺后夹紧，刨到要求的长度尺寸 78 后取下工件。

g. 刨光后要将各棱边倒角。

⑤ 磨上下平面，保证厚度尺寸 57.6。

具体磨削过程如下。

将工件平放在磨床工作台上吸紧后磨上平面，上平面全部磨平后松开，翻面再吸紧后磨另一面，保证厚度尺寸 57.6。

⑥ 钳工划穿丝孔中心线，钻穿丝孔。

钳工按如图 3-8 所示划线、钻孔，过程如下。

a. 使用平板和高度划线尺划出 $4×\phi3$ 穿丝孔的中心线。

b. 找出穿丝孔的中心，用冲子打上样冲眼。

模具钳工训练
MU JU QIAN GONG XUN LIAN

c. 在钻床上用 $\phi3$ 的钻头钻出 $4×\phi3$ 的穿丝孔。

⑦ 淬火、回火至硬度值为 58～60 HRC

⑧ 磨上下平面，保证厚度尺寸 57。

⑨ 线切割加工。夹紧 A 端，找正 C 面，按如图 3-8 所示位置和各凸模（侧刃）图样编程切割，保证各相关尺寸及要求。

⑩ 检验后转钳工处待装。

3. 凹模的加工示范

凹模的加工方法一般采用线切割加工型孔，喇叭型凹模洞口可以采用电火花机床加工或锥度线切割机床加工。大间隙冲裁凹模也可以采用先车、铣后磨削的方法加工。大型或特殊凹模则常采用镶拼结构，分开加工后再装配。

本例凹模如图 3-2 所示为整体凹模，其加工精度要求不是特别高，可用线切割机床加工型孔。具体加工方法如下。

（1）下料。

（2）锻打，保证毛坯尺寸为 $150×135×25$。

（3）退火。

（4）刨六面、对角尺，保证尺寸为：$140.5×125.5×19.2$（刨削方法参见直通式凸模毛坯的加工方法，刨完后各棱边倒角）。

（5）磨上、下两面，保证平行度要求，厚度至 18.6（磨削方法参见直通式凸模毛坯的加工方法）。

（6）精铣一端面、一侧面，对角尺，保证尺寸为 $140×125×18.6$。

具体铣削过程如下。

① 铣一侧面。用固定在铣床台面上并已找正的台虎钳夹紧磨光的两平面，使一侧面向上，夹紧时用铜棒敲击顶面，使底面都接触台虎钳下端定位面后夹紧。精铣顶面，保证宽度尺寸 125。

② 铣一端面。将工件竖起，夹两大平面，对角尺，方法与前述刨削加工相同。精铣端面，保证长度尺寸 140。

（7）钳工划线，钻孔，铰孔，攻螺纹。

① 以精铣后的侧面和端面为基准，用平板和高度划线尺按如图 3-2 所示划出型孔中心线和螺纹孔、销钉孔中心线。

② 找出型孔、螺纹孔、销钉孔的中心，用冲子打上样冲眼。

③ 用 $\phi2.5$ 的钻头钻 6 个型孔的穿丝孔。

④ 分别用 $\phi7.8$ 和 $\phi9.8$ 的钻头钻 $4×\phi8^{+0.015}_{0}$ 和 $2×\phi10^{+0.015}_{0}$ 的销钉预孔，两边倒角后再

用 $\phi 8$ 和 $\phi 10$ 的铰刀铰孔,使孔的表面粗糙度达到图样要求、尺寸达 $\phi 8^{+0.015}_{0}$ 和 $\phi 10^{+0.015}_{0}$。

⑤ 用 $\phi 8.5$ 的钻头钻 $8 \times M10$ 的螺钉底孔,两边倒角后再用 M10 的丝锥攻螺纹。

⑥ 用 $\phi 7.5$ 的钻头钻 $\phi 6.25^{+0.022}_{0}$ 的反面,使刃口尺寸达到厚度 6 mm 为止。

(8) 淬火、回火至硬度值为 $60 \sim 62$ HRC。

(9) 磨上下两面,保证平行度要求,厚度至 18.2。

(10) 退磁。

(11) 按如图 3-2 所示的位置及尺寸进行线切割加工,达图样形状和尺寸要求。

(12) 用酸腐蚀漏料孔。

具体方法如下。

① 将切割好的凹模型孔擦干净后,按凹模工作位置(如图 3-2 所示)放在平板上,并在凹模下方垫上与凹模刃口高度相同的等高垫铁(本例为 6 mm)。

② 将各凹模型孔中割出的芯子擦干净后,对应放在各型孔中,并将各芯子推至与平板接触处。

③ 分别用对应的凸模将纸片切入凹模型孔($\phi 6.25^{+0.022}_{0}$ 的型孔除外)使纸片紧贴凹模型孔中的芯子端面。

④ 用黄油涂满各型孔(注意:一定要使黄油粘附到型孔各边上)并填紧后再将面上多余的部分刮走。

⑤ 用纸粘附在凹模刃口平面,再在上面加上垫板后一起翻面,并取出凹模芯子。

⑥ 在型孔之外的周围做上黄油围子。

⑦ 将调配好的酸倒入凹模型孔中腐蚀,经 $1 \sim 2$ h 后更换一次酸。腐蚀 $2 \sim 3$ 遍,使凹模背面在原来的基础上各边扩大约 $0.2 \sim 0.3$ mm。

⑧ 倒掉酸后马上用水冲洗,并清除型孔及两面的黄油后结束。

注:漏料孔也可以用电火花加工。

(13) 回火。

(14) 磨腐蚀后的平面。

(15) 检验后转钳工处待装。

3.3.2 冲裁模其他零件的加工

1. 冲裁模其他零件的常用加工方法

冲裁模具除成形零件外,还有模座、导柱、导套、固定板、卸料板、导料板、垫板等其他零件。它们主要是板类零件、轴类零件和套类零件等。冲裁模其他零件的加工相对于成形零件要容易一些。其他零件的常用加工方法见表 3-5。

表 3-5   其他模具零件的常用加工方法

零件名称	常用加工方法
模座	模座是组成模架的主要零件之一，属于板类零件，都是由平面和孔系组成。其加工精度要求主要体现在模座上下平面的平行度，上下模座的导套、导柱安装孔中心距应保持一致，模座导柱、导套安装孔的轴线与模座上下平面的垂直度以及表面粗糙度和尺寸精度。 模座的加工主要是平面加工和孔系的加工。在加工过程中，为了保证技术要求和加工方便，一般遵循先面后孔的加工原则，即先加工平面，再以平面定位加工孔系。模座的毛坯经过刨削或铣削加工后，对平面进行磨削可以提高模座平面的平面度和上下平面的平行度。同时，容易保证孔的垂直度要求。孔系的加工可以采用钻、镗削加工，对于复杂异型孔可采用线切割加工。为了保证导柱、导套安装孔的间距一致，在镗孔时经常将上下模座重叠在一起，中间垫上两块等高垫铁，通过一次装夹同时镗出导柱和导套的安装孔
导柱和导套	滑动式导柱和导套属于轴类零件，一般是由内外圆柱表面组成。其加工精度要求主要体现在内外圆柱表面的表面粗糙度及尺寸精度、各配合圆柱表面的同轴度等，导向零件的配合表面都必须进行精密加工，而且要有较好的耐磨性。 导向零件的形状比较简单，加工方法一般采用普通机床进行粗加工和半精加工后再进行热处理，最后磨床进行精加工，消除热处理引起的变形，提高配合表面的尺寸精度和减小配合表面的表面粗糙度值。对于配合要求高、精度高的导向零件，还要对配合表面进行研磨，才能达到要求的精度和表面粗糙度。导向零件的加工工艺路线一般是：备料→粗加工→半精加工→热处理→精加工→光整加工
固定板和卸料板	固定板和卸料板的加工方法与凹模板十分类似，主要根据型孔形状来确定加工方法。对于单个圆孔可采用钻、铰加工，车、铣、磨削加工；非圆形孔可采用铣、磨削加工、线切割加工、电火花加工；对系列孔可采用线切割加工，坐标镗（数控铣）钻镗后再磨削加工

2. 其他零件加工示范

（1）模架。模架由上模座、下模座、导柱、导套组成，一般由专业厂采用专用设备生产，作为标准件在市场上销售。各模具生产厂家很少自己生产，故模架的具体加工方法此处从略。

（2）卸料板。本例卸料板如图 3-9 所示，其具体加工方法如下。

① 备料，保证毛坯尺寸为 $50×135×20$。

② 刨六面、对角尺，保证尺寸为 $140.5×125.5×16.5$（刨完后六面倒角）。

③ 磨上下两面，保证平行度要求，厚度至 16。

④ 精铣一端面、一侧面，对角尺，保证尺寸为 140×125×16

⑤ 铣台阶，保证尺寸为：$50_{-0.1}^{0}$ 和 $6.5_{-0.1}^{0}$。

具体方法如下。

a. 将卸料板平放在铣床工作台上，用两块压板压在卸料板两端的中间（也可将平口钳装在铣床工作台上，用平口钳夹紧卸料板两侧。但应在卸料板下加上等高垫铁，使卸料板上面露出平口钳顶面 8 mm 以上）。

b. 铣卸料板一边，铣削宽度尺寸为 $\frac{125-50}{2}$ mm＝37.5 mm，深度尺寸为 $6.5_{-0.1}^{0}$。

c. 铣卸料板另一边，保证凸台宽度尺寸为 $50_{-0.1}^{0}$，深度尺寸为 $6.5_{-0.1}^{0}$。

⑥ 钳工。

a. 以卸料板台阶的两侧面为基准划螺纹孔中心线和各型孔中心线（参照凹模的钳工划线方法）。

b. 用 $\phi2.5$ 的钻头钻 $6×\phi2.5$ 的穿丝孔；用 $\phi6.7$ 的钻头钻 $4×M8$ 的底孔，并倒角、攻螺纹（注：螺纹孔可以在此处加工，也可以在模具装调完毕后，安装卸料板时引钻螺纹孔再攻螺纹）；钻 $\phi8$ 深 4 的扩孔。

⑦ 退磁。

⑧ 线切割加工各型孔达到图样尺寸要求。

⑨ 检验后转钳工处待装。

（3）固定板。固定板的加工与其他零件不一样，有些部分是装配前加工，有些部分是装配时再加工。

本例如图 3-11 所示的固定板加工过程如下。

① 备料，保证毛坯尺寸为 146×131×25。

② 刨六面、对角尺，保证尺寸为 140.5×125.5×18.6。

③ 磨上下两面，保证平行度要求，厚度至 18。

④ 精铣一端面、一侧面，对角尺，保证尺寸为 140×125×18。

⑤ 钳工。

a. 划螺纹孔、销钉孔及各型孔中心线（参照凹模的钳工划线方法）。

b. 用 $\phi2.5$ 的钻头钻 $6×\phi2.5$ 的线切割穿丝孔。

c. 用 $\phi8.5$ 的钻头钻 $4×M10$ 的螺纹底孔，并倒角、攻螺纹。

d. 用 $\phi9.8$ 的钻头钻 $2×\phi10_{0}^{+0.015}$ 的销钉底孔，并倒角、铰孔。

e. 用 $\phi11$ 的钻头钻 $4×\phi11$ 的卸料螺钉过孔并倒角。

⑥ 退磁。

⑦ 线切割加工各型孔达图样尺寸要求。

⑧ 检验后转钳工处待装。

（4）垫板。垫板的加工相对较简单，只需注意卸料螺钉过孔的倒角不要太大就行了。其他部分的加工从略。

（5）导料板。导料板过去一般只加工出外形尺寸。螺纹孔、销钉孔、螺钉过孔及沉孔都在装配时经调整、引钻孔后再进行加工。在现代加工设备的条件下，可直接加工成形后再组装。本例的导料板（如图 3-10 所示）的工艺路线如下。

① 备料，保证毛坯尺寸为 185×45×10。

② 刨六面、对角尺，保证尺寸为 180.5×42.5×7.2。

③ 磨上下两面，保证平行度要求，厚度至 6.4。

④ 精铣一端面、一侧面，对角尺，保证尺寸为 180×42×6.4。

⑤ 钳工按如图 3-10 所示划各孔中心线，用 $\phi2.5$ 的钻头钻 $4\times\phi8^{+0.015}_{0}$ 的穿丝孔；用 $\phi9$ 的钻头钻 $4\times\phi9$ 的通孔，再用 $\phi15$ 的钻头钻孔后锪孔得 $\phi15$ 深 4；用 $\phi6.7$ 的钻头钻 $2\times M8$ 的底孔，攻螺纹。

⑥ 淬火、回火至硬度值为 43～48 HRC。

⑦ 磨上、下两面，保证平行度要求，厚度至 6。

⑧ 退磁。

⑨ 线切割，割 $4\times\phi8^{+0.015}_{0}$ 的销钉孔和导料部分，保证图样尺寸。

⑩ 检验。

3.3.3 冲裁模的装配

模具的装配就是根据模具的结构特点和技术条件，以一定的装配顺序和方法，将符合图样技术要求的零件，经协调加工，组装成满足使用要求的模具。在装配过程中，既要保证配合零件的配合精度，又要保证零件之间的位置精度。对于具有相对运动的零（部）件，还必须保证它们之间的运动精度。模具装配的质量直接影响制件的冲压质量、模具的使用和模具寿命。因此，模具装配是最后实现冲模设计和冲压工艺意图的过程，是模具制造过程中的关键工序。

1. 模具装配特点

模具装配属单件生产。有些模具零件，如落料凹模、冲孔凸模、模柄等，在加工过程中是按照图样标注的尺寸和公差独立进行加工的，这类零件一般都是直接进入装配；有些在加工过程中只有部分尺寸可以按照图样标注尺寸进行加工，需协调相关尺寸；有的在进入装配前需采用配制或合体加工；有的需在装配过程中通过配制取得协调，图样上标注的部分尺寸只作为参考,如模座的导套或导柱固装孔,多凸模固定板上的凸模固装孔,需连接固定在一起的板件螺纹孔、销钉孔等。

因此,模具装配适合采用集中装配,在装配工艺上多采用修配法和调整装配法来保证装配精度,实现用精度不高的零件达到较高的装配精度,从而提高零件加工要求的效果。

2. 装配技术要求

冲裁模装配后,应达到下述主要技术要求。

(1)模架精度应符合机械行业标准 JB/T 8050—2008《冲模模架技术条件》、JB/T 8071—2008《冲模模架精度检查》规定;模具的闭合高度应符合图样的规定要求。

(2)装配好的冲模上模,沿导柱上下滑动应平稳、可靠。

(3)凸、凹模间的间隙应符合图样规定的要求并均匀分布;凸模或凹模的工作行程应符合技术条件的规定。

(4)定位和挡料装置的相对位置应符合图样要求;冲裁模导料板间的距离应与图样规定一致;导料面应与凹模进料方向的中心线平行;带侧压装置的导料板,其侧压板应滑动灵活,工作可靠。

(5)卸料和顶件装置的相对位置应符合设计要求,超高量在许用规定范围内,工作面不允许有倾斜或单边偏摆,以保证制件或废料能及时卸下和顺利顶出。

(6)紧固件装配应可靠,螺钉螺纹旋入长度在连接钢件时应不小于螺钉的直径,连接铸件时应不小于 1.5 倍螺钉直径;销钉与每个零件的配合长度应大于 1.5 倍销钉直径;螺钉和销钉的端面不应露出上下模座等零件的表面。

(7)落料孔或出料槽应畅通无阻,保证制件或废料能自由排出。

(8)标准件应能互换;紧固螺钉和定位销钉与其孔的配合应正常、良好。

(9)模具在压力机上的安装尺寸需符合选用设备的要求;起吊零件应安全可靠。

(10)模具应在生产的条件下进行试模,冲出的制件应符合设计要求。

3. 冲裁模装配的工艺要点

在模具装配之前,要认真研究模具图样,根据其结构特点和技术条件制订合理的装配方案,并对提交的零件进行检查,除了必须符合设计图样要求外,还应满足装配工序对各类零件提出的要求,检查无误后方可按规定步骤进行装配。在装配过程中,要合理选择检测方法及测量工具。冲裁模装配工艺要点如下。

(1)选择装配基准件。装配时,先要选择基准件。选择基准件的原则是按照模具主要零件加工时的依赖关系来确定。可以作为装配基准件的主要有凸模、凹模、凸凹模、导料板及固定板等。

(2)组件装配。组件装配是指模具在总装前,将两个及以上的零件按照规定的技术要求连接成一个组件的装配工作，如模架的组装，凸模或凹模与固定板的组装，卸料与推件机构各零件的组装等。这些组件应按照各零件所具有的功能进行组装，这将对整副模具的装配精度起到一定的保证作用。

（3）总体装配。总装是将零件和组件结合成一副完整的模具过程。在总装前，应选好装配的基准件和安排好上、下模的装配顺序。

（4）调整凸、凹模间隙。在装配模具时，必须严格控制及调整凸、凹模间隙的均匀性。间隙调整后，才能紧固螺钉及销钉。

调整凸、凹模间隙的方法主要有垫片法、透光法、切纸法、涂层法、镀铜法等。

① 垫片法。垫片法一般适用于弯曲模、拉深模和冷挤模等成形类模具的间隙调整。调整冲裁模间隙时也可采用此法。铜片、纸片等均可制成垫片样板。垫片法是在模具的间隙中垫上等于凸、凹模单边间隙的样片，当凸模进入凹模并使凸模、凹模及垫片相互贴紧后，其间隙就很均匀，一般不再调整。

② 透光法。透光法主要适用于冲孔或落料的单工序模，当凸模进入凹模 0.5～1 mm 深时，可以用手灯照射凹模排料孔周围，以观察周边的间隙，并反复调整间隙使其均匀为止。

透光法还经常用在多凸模与多孔凹模的间隙调整之中，一般的多凸模冲裁是不能将凸模插入固定板后直接装到模具上去的。常用的方法是先将主凸模（所谓主凸模，是指一副模具的若干凸模中横截面积最大的凸模）装入固定板，并检查凸模与固定板的垂直度以后再固定。然后插入第二个凸模，将固定板放在下方，凸模朝上，垫上等高垫铁，放上凹模，使凸模进入凹模 0.5～1 mm，用手灯照射凹模周边，观察凹模型孔与凸模间隙，若不均匀，调整该凸模直至间隙均匀后再固定。余下凸模按与第二个凸模相同的方法调整间隙并固定，使所有的凸模与凹模的间隙都均匀并固定。

③ 切纸法。切纸法就是将薄且较脆的纸张放在凹模与凸模之间，将凸模带有一定的冲击力进入凹模，撬起凸模，取出纸样。若纸样一边切断，一边拉毛，则切断的一边间隙偏小，拉毛的一边间隙偏大。此时应将凸模插入凹模中，将凸模固定板由小间隙一边向大间隙一边调整，再冲纸片，直到纸片周边切断状况基本一致，即可撬起上模，钻铰销钉孔并装入销钉。

切纸法也是实践中常用的一种方法。其步骤如下。

a. 先装好凹模，垫好等高垫铁，将凸模插入凹模 3～5 mm，加上垫板和模座。将上模座的螺钉拧上（但不能拧得太紧）。

b. 用撬杠拨动上模，使凸模在凹模中上下移动，当感觉比较轻松无擦刮感后拧紧螺钉再试，再次感觉轻松时用切纸法试切，根据试切情况调整间隙。对单边间隙小于或等于 0.01 mm 的模具，如果凸模进入凹模无啃口的声音，则可认为凸、凹模间隙已较均匀。

c. 将上模取出，钻、铰销钉孔并入销钉。

④ 涂层法。在凸模上涂上一层薄膜材料，涂层厚度等于凹、凸模单边间隙值。这种涂层方法简便，对于小间隙很适用。

涂层常用涂漆法，可用氨基醇酸绝缘漆。凸模上漆层厚度等于单边间隙值，不同的间隙要求选择不同黏度的漆或涂不同的次数来达到。将凸模浸入盛漆的容器内约 15 mm 深，刃口向下；取出凸模，端面用吸水的纸擦一下，然后刃口向上让漆慢慢向下倒流，形成一定的锥度（便于装配）；在炉内加热烘干，炉温可从室温升至 100～120 ℃，保温 0.5～1 h，然后缓冷（随炉）。截面不是圆形、椭圆形或极光滑的曲线形时，在转角处漆膜较厚，要在烘干后刮去，使装配顺利。

凸模上的漆膜在冲模使用过程中会自行剥落而不必在装配后去除。漆膜与黏度有关，太厚或太黏时要在原漆中加甲苯等稀释；太薄或不够黏时可将原漆挥发。

⑤ 镀铜法。当凸、凹模的形状复杂，用上述方法调整间隙比较困难时，可采用凸模镀铜的方法获得所需的间隙。

凸模上镀铜，镀层厚度为凸、凹模单边间隙值。镀铜法由于镀层均匀可使装配间隙均匀。在小间隙（小于 0.08 mm）时，要求碱性镀铜（相当于打底），否则要求酸性镀铜（加厚）。镀层厚度通过调整电流大小及时间来控制。镀层在冲模使用中自行剥落而不必装配后去除。镀前要清洗，先用丙酮去污，再用氧化镁粉末擦净。调整间隙时，用手锤轻轻敲击固定板的侧面，使凸模的位置改变，以得到均匀的间隙。

（5）检验、调试。模具装配完毕后，必须保证装配精度，满足规定的各项技术要求，并要按照模具验收技术条件，检验模具各部分的功能，在实际生产条件下进行试模，并按试模生产制件情况调整、修正模具，当试模合格后，模具加工、装配才算基本完成。

4. 冲裁模装配顺序的确定

为了便于调模，总装前应合理确定上、下模的装配顺序，以防出现不便调整的情况。上、下模的装配顺序与模具的结构有关，一般先装基准件，再装其他零件并调整间隙使其均匀。

不同结构的模具装配顺序说明如下。

（1）无导向装置的冲模。这类模具的上、下模间的相对位置是在压力机上安装时调整的，工作过程中由压力机的导轨精度保证，因此装配时上、下模可以分别进行，彼此基本无关。

（2）有导柱的单工序模。这类模具装配相对简单，如果模具结构是凹模安装在下模座上，则一般先将凹模安装在下模上，再将凸模与凸模固定板装在一起，然后依据下模配装上模。

（3）有导柱的级进模。通常，导柱导向的级进模都以凹模作装配基准件（如果凹模是镶拼式结构，应先组装镶拼凹模），先将凹模装配在下模座上，将凸模固定板安装在上模座上，调整好间隙后，钻铰定位销孔。

（4）有导柱的复合模。复合模结构紧凑，模具零件加工精度较高，模具装配的难度较大，特别是装配对内、外形有同轴度要求的模具，更是如此。

复合模属于单工位模具，复合模的装配顺序和装配方法相当于在同一工位上先装配冲孔模，然后以冲孔模为基准，再装配落料模。基于此原理，装配复合模应遵循如下原则。

① 复合模装配应以凸凹模作装配基准件。先将装有凸凹模的固定板用螺钉和销钉安装、固定在指定模座的相应位置上；再按凸凹模的内形装配、调整冲孔凸模固定板的相对位置，使冲孔凸凹模间的间隙趋于均匀，用螺钉固定；然后再以凸凹模的外形为基准，装配、调整落料凹模相对凸凹模外形的位置，调整间隙，用螺钉固定。

② 试冲无误后，在同一模座上钻铰销孔后，装入销钉，将冲孔凸模固定板和落料凹模分别定位。

5. 冲裁模装配实例

（1）装配前的预加工。

① 如图 3-1 所示，将凹模按工作位置放在下模座上，划出漏料型孔线并加工漏料孔，使各边比型孔线大 1～2 mm。

② 找上模座中心，按模柄尺寸镗模柄孔，并使配合部分保证双边 0.02 mm 的过盈。

（2）凸模与固定板的组装。

① 将固定板上安装的直通式凸模的型孔倒角，钻或铣台阶式凸模型孔的沉孔。

② 将直通式凸模尾部退火并反铆。

③ 安装凸模。安装凸模时应先装大截面的落料凸模，装入后用角尺检查保证凸模与固定板垂直。再装离落料凸模最远的凸模（或侧刃），装入后要将凸模插入凹模并用透光法将间隙调整均匀。其余凸模都按第二个凸模的安装方法依次安装完毕后结束。

④ 磨凸模固定板的背面和刃口面。

（3）总装。

① 将凹模安装在下模座上。

a. 将凹模按工作位置放在下模座上，使凹模型孔与下模座漏料孔对准后用平行夹夹紧。

b. 在钻床工作台上垫上等高垫铁后，将夹好的下模座和凹模放在垫铁上，用 $\phi8.5$ 的钻头由凹模方向向下模座方向引钻螺钉过孔（只点孔不钻孔）。

c. 拆开平行夹，将下模座正放在钻床工作台上，用 $\phi11$ 的钻头钻 $4\times\phi11$ 的螺钉过孔。

d. 将下模座底部朝上，用 $\phi16.5$ 的钻头将 $4\times\phi11$ 的孔扩大，深度为 10。

e. 用 $\phi16.5$ 的锪孔钻将 $4\times\phi16.5$ 的孔底锪平，保证深度为 12。

f. 再将凹模按工作位置放在下模座上用螺钉拧紧。

g. 将 $\phi10$ 的钻头夹在钻床上，反转插入 $\phi10_0^{+0.015}$ 的销钉孔中定位后，用 $\phi9.8$ 的钻头由凹模向下模座钻 $\phi10_0^{+0.015}$ 的底孔后再铰孔。

h. 选配销钉并装入。

i. 重复 g、h 的工作，钻铰第二个销钉孔并装入第二个销钉。

② 将装好凹模的下模座平放在工作台上，再将装有固定板的凸模插入凹模，在凹模和固定板之间垫两块等高垫铁（等高垫铁高度等于凸模伸出固定板的长度减去 3~5 mm）。

③ 合拢上模座，用平行夹将上模座和固定板夹紧。

④ 拔出上模座及固定板，从固定板向上模座引孔（都是只点孔不钻孔），再拆下平行夹。

⑤ 上模座钻孔并扩孔。

将导套朝上，用 $\phi11$ 的钻头钻 $4\times M10$ 的螺钉过孔，用 $\phi16.5$ 的钻头钻 $4\times\phi16.5$ 的卸料螺钉头的过孔。

翻面后在下面垫上两块等高垫铁（垫铁高度大于导套伸出模座面的长度），用 $\phi16.5$ 的钻头扩 $4\times\phi11$ 孔，并沉孔、锪孔，保证深度为 12。

⑥ 再将装在固定板上的凸模插入凹模，在凹模和固定板之间垫入等高垫铁。

⑦ 在固定板上面加上垫板后合拢装入模柄后的上模座，再装入螺钉。

⑧ 调整间隙，再逐渐拧紧固定螺钉。

⑨ 拔出上模部分，由固定板向上模座方向钻销钉底孔并铰孔后装入销钉。

⑩ 下模装上导料板和承料板。

⑪ 上模固定板上垫入要求厚度的橡皮并装上卸料板和卸料螺钉后结束。

注：卸料板有淬火要求时必须按图样要求加工，准确保证图样尺寸和公差，直接装入即可。若卸料板没有淬火要求，可暂不加工卸料板上的螺纹孔，待上模装配完成后，将卸料板套在凸模上，从上模座向卸料板方向引孔，再卸下卸料板，钻螺纹底孔并攻螺纹。最后将卸料板装入上模并垫好橡胶（弹簧），拧紧卸料螺钉即可。

3.4　冲裁模的安装与调试

模具按图样技术要求加工与装配后，必须在符合实际生产条件的环境中进行试冲压生产。通过试冲可以发现模具设计与制造的缺陷，找出原因，对模具进行适当的调整和修理后再进行试冲，直到制件尺寸合格，模具能正常工作，才能将模具正式交付生产使用。

3.4.1　模具调试的目的

模具试冲、调整简称调试，调试的目的如下。

（1）鉴定模具的质量、验证该模具生产的产品质量是否符合要求，确定该模具能否交付生产使用。

（2）帮助确定产品的成形条件和工艺规程。模具通过试冲、调整和修配，生产出合格产品。在试冲过程中掌握和了解模具使用性能，产品成形条件、方法和规律，从而对制定产品批量生产的工艺规程提供帮助。

（3）帮助确定成形零件毛坯形状、尺寸及用料标准。在冲模设计中，有些形状复杂或精度要求较高的冲压成形零件，很难在设计时精确地计算变形前毛坯的形状和尺寸。只有通过反复试冲才能确定准确的毛坯形状、尺寸及用料标准。

（4）帮助确定成形工艺和模具设计中的某些尺寸。对于形状复杂或精度要求较高的冲压成形零件，在成形工艺和模具设计中，对于个别难以用计算方法确定的尺寸，如拉深模的凸、凹模圆角半径等，必须经过试冲，才能准确确定。

（5）通过调试，发现问题，解决问题，积累经验，有助于进一步提高模具设计和制造水平。

由此可见，模具调试过程十分重要，必不可少。但调试的时间和试冲次数应尽可能少，这就要求模具设计与制造质量过硬，最好能一次调试成功。在调试过程中，合格冲压制件的取样数量一般在 20～1 000 件之间。

3.4.2　模具在压力机上的安装示范

1. 冲压设备的选择

冲压设备选择是冲压工艺及模具设计中的一项主要内容，它直接关系到设备的安全和合理使用，同时也关系到冲压工艺过程能否顺利完成以及模具寿命、产品质量、生产效率、成本等一系列问题。

（1）根据冲压工艺性质选择冲压设备类型。

① 中小型冲裁件、弯曲件或拉深件的生产，主要采用具有弓形床身的单柱机械压力机。

② 大中型冲裁件多采用双柱形式的机械压力机。

③ 大量生产或形状复杂零件的生产，应尽量选用高速压力机或多工位自动压力机。

④ 薄板零件冲裁应尽量选用高精度的压力机。

⑤ 校平、校正、弯曲等校形冲压工艺应尽量选用刚性高的压力机。

（2）冲压设备规格的确定。

① 冲裁时压力机的公称压力必须大于冲裁各工艺力（冲裁力、推料力、卸料力及顶出力）总和的 1.3 倍。

② 压力机行程的大小应保证毛坯的放入及成形制件取出顺利。

③ 工作台面必须保证模具能正确安装到台面上，并有压板安装位置。

④ 所选定压力机的闭合高度应大于冲模的闭合高度。

⑤ 模柄的长度应小于滑块中模柄孔的深度，模柄直径应与滑块孔相适应。

⑥ 漏料孔必须大于凹模型孔，以保证落料畅通无阻，有弹顶器的模具应能在漏料孔中安装弹顶器。

2. 模具在压力机上的安装步骤

（1）先开车试运行，检查压力机是否处于正常工作状态。

（2）搬动飞轮将压力机滑块调整到下止点。

（3）调节连杆，使滑块底面与压力机工作台之间的距离大于模具闭合高度和垫板高度之和。

（4）打开压力机的模柄压块。

（5）先将两块等高垫铁放在压力机台面圆孔上，再将模具放在上面，让开下模座漏料孔。

（6）调节连杆，使滑块底面接触上模座顶面后，装上模柄压块和螺钉。再次调节连杆，使滑块底面压紧上模座顶面，但凸模不得进入凹模，拧紧模柄压块的螺钉。

（7）检查下模座漏料孔是否堵塞，如果安放正确，用压板将下模座与压力机台面压紧。

（8）搬动飞轮或点动让导柱脱离导套，检查导柱与导套是否有异常摩擦声音。若有，则说明上模座与下模座不平行，应松开下模座底板螺钉，搬动飞轮使下模座底面贴紧，再次固紧下模座。再搬动飞轮让导柱脱离导套，直至导柱与导套无异常摩擦声音。

（9）如无异常，则调节连杆使上、下模拉开一段距离后启动压力机，不放板料，脚踏开关试冲。

（10）用薄纸片放在凹模刃口上试冲，微调连杆让凸模刃口刚好接触凹模刃口，切断薄片。

（11）将剪好的条料放在凹模刃口上试冲，检查侧刃定距是否合适，导料板送料是否平行，凹模漏料孔是否畅通，卸料板卸料是否合适等。

（12）根据产品零件图样所标注的尺寸和技术要求，检查冲裁件尺寸、毛刺高度、断面质量是否合格。

3.4.3 冲裁模的调试

冲裁模试冲时出现的问题和调整方法见表 3-6。

表3-6　冲裁模试冲时出现的问题和调整方法

出现的问题	产生原因	调整方法
送料不畅通或料被卡住	1. 两导料板之间的尺寸过小或有斜度； 2. 凸模与卸料板之间间隙过大，使搭边翻扭； 3. 用侧刃定距的级进模，导料板的工作面与侧刃不平行，或侧刃挡块与侧刃型孔调整不当，形成毛刺	1. 根据情况修锉或磨或重装； 2. 减小凸模与卸料板的间隙； 3. 重装导料板，调整侧刃挡块，消除侧刃与侧刃挡块的间隙
制件有毛刺	1. 刃口不锋利或淬火硬度低； 2. 凸、凹模间隙过大或过小； 3. 间隙不均匀使制件的一边有显著的带斜角的毛刺	1. 刃磨刀口，使其锋利； 2. 修锉或更换凸模或凹模； 3. 调整凸、凹模间隙，使其均匀一致
制件不平	1. 凹模有倒锥度，即上口大，下口小； 2. 顶料杆和工件接触面过小； 3. 导正销与导入孔配合过紧，将制件压出凹陷	1. 修正凹模； 2. 更换顶料杆，增加与工件接触面积； 3. 修正导正销，保持与导入孔成间隙配合
内孔与外形位置成偏位情况	1. 挡料钉位置不正； 2. 落料凸模上导正销尺寸过小； 3. 导料板与凹模送料中心线不平行，使孔偏斜； 4. 侧刃定距不准	1. 修正凹模或挡料钉位置； 2. 更换导正销； 3. 修正导料板； 4. 修磨或更换侧刃
刃口相啃（咬）	1. 上模座、下模座、固定板、凹模、垫板等零件安装面不平行； 2. 凸模、导柱等零件安装不垂直； 3. 卸料板的孔位不正确或歪斜，使冲孔凸模位移； 4. 凸、凹模相对位置没有对正； 5. 导柱、导套配合间隙过大，使导向不正	1. 修正有关零件，重新装上模或下模； 2. 重装凸模或导柱，保持垂直； 3. 修正或更换卸料板； 4. 调试凸、凹模，使其对正并保持间隙均匀； 5. 更换导柱或导套
卸料不正常	1. 弹簧或橡胶的弹力不足； 2. 凹模和下模座的漏料孔没有对正，料被堵死而排不出来； 3. 由于装配不正确，使卸料机构不能动作，如卸料板与凹模配合过紧或卸料板装配后有倾斜现象而卡紧凸模	1. 更换弹簧或橡胶； 2. 修正漏料孔； 3. 修正卸料板
凹模被胀裂	凹模孔有倒锥度，或凹模刃口太深，积存的件数太多，胀力太大	修正凹模刃口，消除倒锥现象或减小凹模刃口长度，使制件尽快漏下

3.5　成形模零件加工与装配特点

成形模制造过程与冲裁模类似，差别主要体现在凸、凹模上，而其他零件（如板类零件）与冲裁模具相似。下面以弯曲模和拉深模为例介绍成形模零件的加工。

3.5.1　成形模凸、凹模技术要求及加工特点

塑性成形工序最常见的是弯曲和拉深，成形模不同于冲裁模，凸、凹模不带有锋利刃口，而带有圆角半径和型面，表面质量要求更高，凸、凹模之间的间隙也要大些（单边间隙略大于坯料厚度）。弯曲模和拉深模凸、凹模技术要求及加工特点见表 3-7。

表 3-7　弯曲模和拉深模凸、凹模技术要求及加工特点

模具类型	凸、凹模技术要求及加工特点
弯曲模	1. 凸、凹模材质应具有高硬度、高耐磨性、高淬透性、热处理变形小等特点，形状简单的凸、凹模一般用 T10A、CrWMn 等，形状复杂的凸、凹模一般用 Cr12、Cr12MoV、W18Cr4V 等，热处理后的硬度值为 58～62 HRC； 2. 凸、凹模精度主要根据弯曲件精度决定，一般尺寸精度在 IT9～IT6，工作表面质量一般要求很高，尤其是凹模圆角处（表面粗糙度值为 MRR Ra0.8 μm～MRR Ra0.2 μm）； 3. 由于回弹等因素在设计时难以准确考虑，导致凸、凹模尺寸的计算值与实际要求值往往存在误差。因此凸、凹模工作部分的形状和尺寸设计应合理，要留有试模后的修模余地；一般先设计和加工弯曲模，后设计和加工冲裁模； 4. 凸、凹模淬火有时在试模后进行，以便试模后的修模； 5. 凸、凹模圆角半径和间隙的大小、分布要均匀； 6. 凸、凹模一般是外形加工
拉深模	1. 凸、凹模材质应具有高硬度、高耐磨性、高淬透性、热处理变形小等特点，形状简单的凸、凹模一般用 T10A、CrWMn 等，形状复杂的凸、凹模一般用 Cr12、Cr12MoV、W18Cr4V 等，热处理后的硬度值为 58～62 HRC； 2. 凸、凹模精度主要根据拉深件精度决定，一般尺寸精度在 IT9～IT6，工作表面质量一般要求很高，尤其是凹模圆角和孔壁要求表面粗糙度值为 MRR Ra0.8 μm～MRR Ra0.2 μm，凸模工作表面粗糙度值为 MRR Ra1.6 μm～MRR Ra0.8 μm； 3. 由于回弹等因素在设计时难以准确考虑，导致凸、凹模尺寸的计算值与实际要求值往往存在误差。因此凸、凹模工作部分的形状和尺寸设计应合理，要留有试模后的修模余地；一般先设计和加工拉深模，后设计和加工冲裁模； 4. 凸、凹模淬火有时在试模后进行，以便试模后的修模； 5. 凸、凹模圆角半径和间隙的大小、分布要符合设计要求； 6. 拉深凸、凹模的加工方法主要根据工作部分断面形状决定。圆形件一般车削加工，非圆形一般铣削加工后淬火、回火，再磨削加工，最后研磨、抛光

3.5.2 成形模凸、凹模加工

成形模凸、凹模加工与冲裁模凸、凹模加工不同之处主要在于，前者有圆角半径和型面的加工，而且表面质量要求更高。

弯曲模凸、凹模工作面一般是敞开面，其加工一般属于外形加工。圆形凸、凹模加工比较简单，一般采用车削和磨削。非圆形凸、凹模加工则有多种方法，见表3-8。

表3-8　非圆形弯曲模凸、凹模常用加工方法

常用加工方法	加工过程	适用场合
刨削加工	毛坯准备后粗加工，磨削安装面、基准面，划线，粗、精刨型面，精修后淬火、回火，研磨抛光	弯曲模简单型面
普通铣削加工（数控铣削加工）	毛坯准备后粗加工，磨削基面，粗、精铣型面，精修后淬火、回火，研磨抛光	弯曲模复杂型面
成形磨削加工	毛坯加工后磨基面，划线，粗加工型面，加工安装孔后淬火、回火，磨削型面，抛光	精度要求较高，不太复杂的凸、凹模
线切割加工	毛坯加工后淬火、回火，磨安装面和基准面，线切割加工型面，抛光	小型凸、凹模（型面长度小于100 mm）

拉深模凸模的加工一般也是外形加工，而凹模的加工则主要是型孔或型腔的加工。凸、凹模常用的加工方法见表3-9和表3-10。

表3-9　拉深模凸模常用加工方法

制件类型		常用加工方法	适用场合
旋转体类	筒形和锥形	毛坯锻造后退火，粗车、精车外形及圆角，淬火、回火，磨装配处和成形面，修磨成形端面和圆角，研磨抛光	所有筒形零件的凸模
	曲线回转体	方法一：成形磨。毛坯加工后，粗加工成形曲面和过渡圆角，淬火、回火，磨削成形曲面和过渡圆角，研磨抛光	型面不太复杂、精度较高的凸模
		方法二：数控车（数控铣）、坐标磨（数控磨）。毛坯加工后，车（铣）成形面，淬火、回火，磨安装面，坐标磨（数控磨）成形曲面和圆角，研磨抛光	型面较复杂、精度较高的凸模

（续表）

制件类型	常用加工方法	适用场合
盒形制件、非回转体制件	方法一：普通铣削加工。毛坯加工后，划线，铣成形面，修锉圆角，淬火、回火，研磨抛光	型面不太复杂、精度较低的凸模
	方法二：数控铣削加工。毛坯加工后，粗、精铣成形面及圆角，淬火、回火，研磨抛光	型面较复杂、精度较高的凸模
	方法三：成形磨。毛坯加工后，划线，粗加工型面，淬火、回火后，磨削型面、抛光	型面不太复杂、精度较高的凸模

表 3-10　拉深模凹模的常用加工方法

制件类型及凹模结构		常用加工方法	适用场合
旋转体类	简形和锥形	普通（数控）车削加工。毛坯加工后，粗、精车型孔，划线，加工安装孔，淬火、回火，磨型孔或研磨型孔，抛光	各种凹模
	曲线旋转体	方法一：数控车削加工。毛坯加工后，粗、精车型孔，划线，加工安装孔，淬火、回火，磨型孔或研磨型孔，抛光	中小型凹模
		方法二：数控铣削加工。毛坯加工后，粗、精铣型孔，淬火、回火后磨型孔或研磨型孔抛光	大中型凹模
	盒形制件	方法一：普通（数控）铣削加工。毛坯加工后，划线，铣型孔，最后钳工修圆角，淬火、回火后研磨抛光	精度要求一般（较高）的有底凹模
		方法二：插削加工。毛坯加工后，划线，插型孔，最后钳工修锉圆角，淬火、回火后研磨抛光	精度要求一般的无底凹模
		方法三：线切割加工。毛坯加工后，划线，加工安装孔，淬火、回火，磨安装面，最后线切割加工型孔，抛光	精度要求较高的无底凹模
		方法四：电火花加工。毛坯加工后，划线，加工安装孔，淬火、回火后磨基面，最后电火花加工型腔，抛光	精度要求较高的有底凹模

（续表）

制件类型及凹模结构	常用加工方法	适用场合
非旋转体曲面形制件，	方法一：铣削（插削）加工。毛坯加工后，划线，铣削（插削）型孔，修锉圆角后淬火、回火，研磨抛光	精度要求一般的（无底）凹模
	方法二：数控铣加工。毛坯加工后，数控铣削加工型腔，精修后淬火、回火，研磨抛光	精度要求较高的凹模
	方法三：线切割加工。毛坯加工后，划线，加工安装孔，淬火、回火后磨基面，线切割加工型孔，抛光	精度要求较高的无底凹模
	方法四：电火花加工。毛坯加工后，划线，加工安装孔，粗加工型腔，淬火、回火后磨基面，用电火花加工型腔，抛光	精度要求较高、小型有底凹模

3.5.3 成形模的装配与调试

成形模的装配与调试过程和冲裁模基本类似。只是由于塑性成形工序比分离工序复杂，难以准确控制的因素多，所以其调试过程要复杂些，试模、修模反复次数多。弯曲模、拉深模在试冲过程常见问题及调整方法见表 3-11 和表 3-12。

表 3-11　弯曲模试冲时出现的问题和调整方法

出现的问题	产生原因	调整方法
制件产生回弹	弹性变形的存在	1. 改变凸模的形状和角度大小； 2. 增加凹模型槽的深度； 3. 减小凸、凹模之间间隙； 4. 增加校正力或使校正力集中在角部变形区
制件底部平面不平	1. 压力不足； 2. 顶件用顶杆的着力点分布不均匀，将制件底面顶变形	1. 增大压料力； 2. 将顶杆位置分布均匀，顶杆面积不可太小
制件左右高度不一致	1. 定位不稳定或定位不准； 2. 凹模的圆角半径左右两边加工不一致； 3. 压料不紧； 4. 凸、凹模左右两边间隙不均匀	1. 调整定位装置； 2. 修正圆角半径使左右一致； 3. 增加压料块（压料力）； 4. 调整凸、凹模之间的间隙

（续表）

出现的问题	产生原因	调整方法
弯曲角变形部分有裂纹	1. 弯曲半径太小； 2. 材料的纹向与弯曲线平行； 3. 毛坯有毛刺一面向外； 4. 材料的塑性差	1. 加大弯曲半径； 2. 将板料退火后再弯曲或改变落料的排样方向； 3. 使毛刺在弯曲的内侧； 4. 将板料进行退火处理或改用塑性好的材料
制件表面有擦伤	1. 凹模的内壁和圆角处表面过于粗糙； 2. 板料被粘附在凹模表面	1. 将凹模内壁与圆角修光； 2. 在凸模或凹模的工作表面镀硬铬厚0.01～0.03 mm 或将凹模进行化学热处理，如氮化处理、氮化钛涂层或进行激光表面强化处理
制件尺寸过长或不足	1. 间隙过小，将材料挤长； 2. 压料装置的压力过大，将材料挤长； 3. 计算错误	1. 加大间隙； 2. 减小压料装置的压力； 3. 落料尺寸应在弯曲模试冲后确定

表 3-12　拉深模试冲时出现的问题和调整方法

存在问题	产生原因	调整方法
凸缘或制件口部起皱	1. 没有使用压边圈或压边力太小； 2. 凸、凹模间隙太大或不均匀； 3. 凹模圆角过大； 4. 板料太薄	1. 增大压边力； 2. 减小拉深间隙值并调整均匀； 3. 采用小圆角半径凹模； 4. 更换材料
制件底部破裂或有裂纹	1. 材料太硬，塑性差； 2. 压边力太大； 3. 凸、凹模圆角半径太小； 4. 凹模圆角不光滑； 5. 凸、凹模间隙不均匀； 6. 拉深系数确定得太小，拉深次数太少； 7. 凸模安装不垂直	1. 更换材料或将材料退火处理； 2. 减小压边力； 3. 加大凸、凹模圆角半径； 4. 修光凹模圆角半径，越光越好； 5. 调整间隙，使其均匀； 6. 加大拉深系数，增加拉深次数； 7. 重装凸模，保持垂直

（续表）

存在问题	产生原因	调整方法
制件高度不够	1. 工件尺寸太小； 2. 拉深间隙太大； 3. 凸模圆角半径太小	1. 放大工件尺寸； 2. 更换凹模或凸模，使间隙调整合适； 3. 加大凸模圆角半径
制件高度太大	1. 工件尺寸太大； 2. 拉深间隙太小； 3. 凸模圆角半径太大	1. 减小工件尺寸； 2. 加大拉深间隙，使其更合适； 3. 减小凸模圆角半径
制件壁厚和高度不均匀	1. 凸模与凹模不同轴，间隙向一边倾斜； 2. 定位板或挡料销位置不正确； 3. 凸模不垂直； 4. 压料力不均匀； 5. 凹模的几何形状不正确	1. 重装凸、凹模，使间隙均匀一致； 2. 调整定位板或挡料销； 3. 修整或重装凸模； 4. 调整弹簧或顶杆长度； 5. 修正凹模
制件表面拉毛	1. 拉深间隙太小或不均匀； 2. 凹模圆角表面粗糙，不光滑； 3. 模具或板料表面不清洁，有脏物或砂粒； 4. 凹模硬度不够高，有粘附板料现象； 5. 润滑液不合适	1. 调正拉深间隙； 2. 修光圆角； 3. 清洁模具和板料表面； 4. 提高凹模表面硬度，修光表面，进行镀铬或氮化等处理； 5. 更换润滑液
制件底部不平	1. 凸模上无出气孔； 2. 顶出器或压料板未镦死； 3. 材料本身存在弹性	1. 凸模上应加出气孔； 2. 调整冲模结构，使冲模达到闭合高度时，顶出器和压料板将已拉深件镦死； 3. 改变凸、凹模和压料板形状并提高其刚性

3.6 多工位级进模零件加工与装配特点

3.6.1 多工位级进模的加工特点

多工位级进模主要用于小型复杂冲压零件的批量生产，其工位数多、精度高、寿命要求长，模具小型零件和镶块多，板类零件孔位精度高、尺寸协调多，因此多工位级进模与常规冲模相比，虽然加工和装配方法相似，但要求提高、需要协调的地方多，因而加工和装配更加复杂和困难。在模具设计合理的前提下，要制造出合格的多工位级进模，必须具备先进的模具加工设备和测量手段以及合理的模具制造工艺规范。与其他冲模相比，多工位级进模加工具有以下特点。

（1）工作零件、镶块件和三大板（凸模固定板、凹模固定板和卸料镶块固定板，简称三大板）是多工位级进模加工难点和重点控制零件，其加工难点体现在工作零件型面的尺寸和精度、三大板的型孔尺寸和位置精度。

（2）细小凸模和凹模镶块由于其形状复杂、尺寸小、精度高，采用传统的机械加工方法难以完成加工，必须辅以高精度数控车、数控铣、数控线切割、成形磨、曲线磨等先进加工方法方能完成（常常采用数控线切割加工和成形磨削加工）。

由于细小凸模和凹模镶块是易损件，需要经常更换，要有一定的互换性，所以细小凸模、凹模镶块的生产不能采用配作加工，而是有互换性的分开加工，要求图样中不论是凸模还是凹模必须标明保证间隙的具体尺寸和公差，以便于备件生产。加工者应注意控制加工到中间值附近时，必须改变因怕出废品而孔按贴近最小极限尺寸加工，轴按贴近最大极限尺寸加工的习惯，以利于互换装配和保证精度。

镶块常见加工路线：锻打→退火→外形加工→基面加工→型面粗加工、半精加工→最终热处理→线切割加工→成形磨削→研磨抛光。

（3）多工位级进模中的凸模固定板、凹模固定板和卸料镶块固定板孔位精度高、尺寸协调多，是加工难度最大、耗费工时最多、周期最长的三大关键零件，是模具精度集中体现的零件。装在其上的凸模或镶块间的位置精度、垂直度等都依靠这三大板来保证。所以这三大板必须正确选材，确定合理的加工方法和热处理方法，确保加工质量。三大板的加工除要使用传统的机械加工方法外，还要使用数控车、数控铣、高精度数控线切割、数控磨等先进加工方法，必须采用组合加工。

为了避免基准误差的产生和累积，凸模固定板、凹模固定板和卸料镶块固定板的设计基准、工艺基准、测量基准三者应重合，一般分别采用两个成直角的侧面作为型孔位置尺寸的基准，重要型孔位置尺寸一般采用并联标注，如图 3-12 所示。

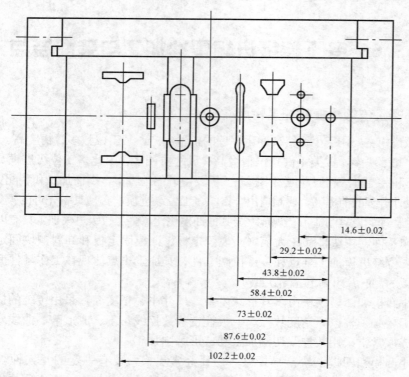

14.6 ± 0.02

29.2 ± 0.02

43.8 ± 0.02

58.4 ± 0.02

73 ± 0.02

87.6 ± 0.02

102.2 ± 0.02

图 3-12　多工位级进模尺寸标注方法

三大板常见加工路线：锻打→退火→铣（刨）→平磨→中间热处理→平磨→数控铣→最终热处理→平磨→电火花线切割加工→坐标磨（数控磨）→精修。

（4）多工位级进模精度要求高，寿命要求长，尺寸稳定性要求高，所以模具零件的选材除了要求高耐磨、高强度外，还要求热处理变形小，尺寸稳定性好。

3.6.2　多工位级进模的装配特点

多工位级进模装配的关键是凸模固定板、凹模固定板和卸料镶块固定板上的型孔尺寸和位置精度的协调，要同时保证多个凸模、凹模或镶块的间隙和位置符合要求。

多工位级进模装配一般采取局部分装、总装组合的方法，即首先化整为零，先装配凹模固定板、凸模固定板和卸料镶块固定板等重要部件，然后再进行模具总装，先装下模部分，后装上模部分，最后调整好模具间隙和送料步距精度。

由于多工位级进模结构多样，各生产厂家设备条件不同，所以多工位级进模的加工和装配方法选择以及工艺规程的制订，应视具体模具结构和生产条件而定。

第4章 塑料模制作指导

塑料模的制作是在塑料模设计及模具零件的加工工艺完成之后进行的。要完成塑料模的制作，首先必须审核模具设计图样，确定外购件的名称、材料、规格、数量及标准代号；结合实习场地实际具有的模具加工设备，调整非标准或成型零件的加工工艺；再进行模具零件的加工及装配；最后进行试模调整，直至成型出合格的塑件，模具使用良好。下面以一副塑料注射模为例，根据如图 4-1～图 4-25 所示的全套图样及主要非标准零件的加工工艺，叙述该模具的制作过程。

4.1 衬套注射模图样及主要非标准零件的加工工艺

4.1.1 衬套注射模装配图

衬套注射模装配图如图 4-1 所示。

4.1.2 衬套注射模零件图及其加工工艺

1. 定模镶件（如图 4-2 所示）的加工工艺

（1）备料。

（2）锻打，保证毛坯尺寸为 102×95×30。

（3）退火。

（4）刨六面、对角尺，保证尺寸为 92.5×86×26。

（5）磨六面、对角尺，保证尺寸为 92×85.4×25.4。

（6）铣挂台，保证 5，同时，将尺寸 85 处精铣至 85.5，并铣 4×$R10$；用成形钻头钻小端直径为 $\phi5$、大端直径为 $\phi6$ 的主流道孔；点各孔中心。

（7）钻 $2\times\phi15.08^{+0.018}_{0}$ 及 $2\times\phi15.26^{+0.018}_{0}$ 的线切割穿丝孔 $\phi4$。

（8）淬火、回火至硬度值为 50～55 HRC。

（9）磨六面、对角尺，保证尺寸为 $85^{+0.035}_{+0.013}\times85^{+0.035}_{+0.013}\times(25\pm0.02)$。

（10）退磁。

（11）线切割，割 $2\times\phi15.08^{+0.018}_{0}$ 及 $2\times\phi15.26^{+0.018}_{0}$，直径留研磨量 0.01 mm。

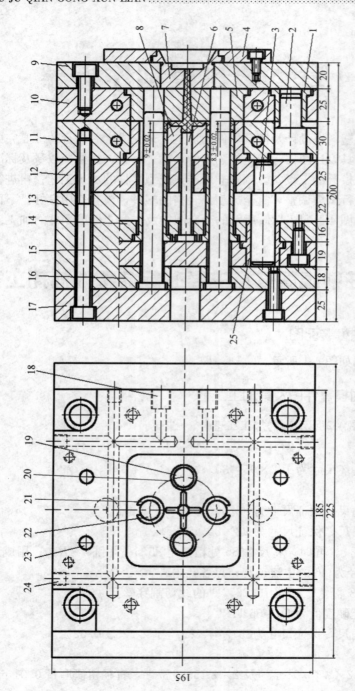

1—导套；2—导柱；3—推板导杆；4—定位柱；5—定模座板；6—拉料杆；7—浇口套；8—动模镶件；9—定模座板；10—定模固定板；11—动模固定板；12—支承板；13—垫块；14—推管固定板；15—推板；16—型芯固定板；17—动模座板；18—水嘴；19—型芯1；20—推管；21—推管2；22—推管1；23—型芯2；24—复位杆；25—推板导套

图4-1　衬套注射模

（12）钳工研光各孔至图样要求。

（13）检验。

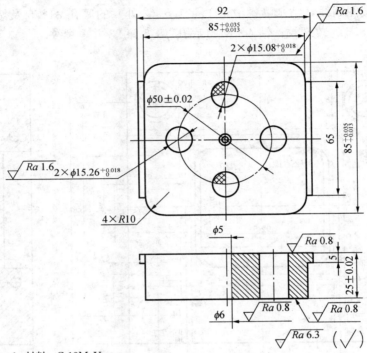

1. 材料：Cr12MoV；
2. 热处理：50～55 HRC。

图 4-2　定模镶件

2. 定模固定板（如图 4-3 所示）的加工工艺

（1）备料。

（2）锻打，保证毛坯尺寸为 $205 \times 195 \times 30$。

（3）正火。

（4）刨六面、对角尺，保证尺寸为 $195.5 \times 185.5 \times 25.5$。

（5）磨上、下两面，保证平行度要求，厚度至 25.2（留钳工装配磨量 0.2 mm）。

（6）精铣一端面、一侧面、对角尺，保证尺寸为 $195 \times 185 \times 25.2$。

（7）钳工按图划线，钻 $4 \times \phi 24^{+0.021}_{0}$ 预孔（导套孔）留镗量单边 0.5 mm，钻排孔去中间 $85^{+0.035}_{0} \times 85^{+0.035}_{0}$ 方孔废料。

（8）校外形基准面精铣中间方孔 $85^{+0.035}_{0} \times 85^{+0.035}_{0}$，达到图样尺寸要求；铣方孔挂台 92.5 达到图样尺寸要求。

（9）校外形基准面及中间方孔，镗 $4 \times \phi 24^{+0.021}_{0}$（导套孔），达到图样尺寸要求。

（10）钻 $\phi 8$ 水道孔，铣 $4 \times \phi 31$ 挂台深 5。

（11）钳工按图划线，钻水嘴螺纹 M14×1.5（2 处）的底孔 $\phi 12.5$ 及堵塞孔螺纹 M10（6 处）的底孔 $\phi 8.5$ 并攻螺纹；钻 $4 \times$ M10 底孔 $\phi 8.5$ 深 23 并攻螺纹。

（12）检验。

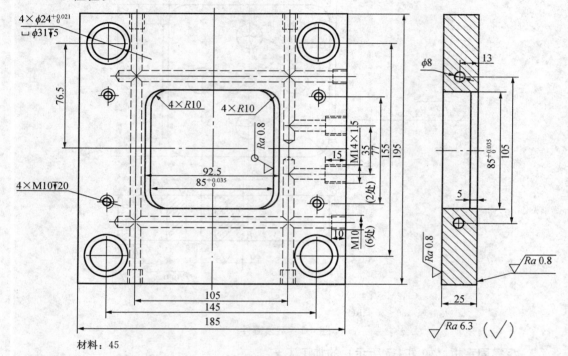

材料：45

图 4-3 定模固定板

3. 定模座板（如图 4-4 所示）的加工工艺

（1）备料。

（2）锻打，保证毛坯尺寸为 235×205×25。

（3）正火。

（4）刨六面、对角尺，保证尺寸为 225.5×195.5×20.5。

（5）磨上下两面，保证平行度要求，厚度至 20。

（6）精铣一端面、一侧面、对角尺，保证尺寸为 225×195×20。

（7）钳工按图划线。钻 $4 \times \phi 10.5$ 扩 $\phi 17$ 深 11，钻 $3 \times$ M6 底孔 $\phi 5$ 深 15 并攻螺纹，钻 $\phi 40^{+0.025}_{0}$（浇口套孔）预孔留镗量单边 0.5 mm。

（8）镗 $\phi 40^{+0.025}_{0}$ 孔，达到图样尺寸要求。

（9）检验。

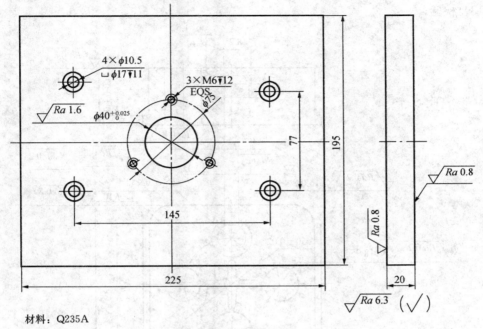

材料：Q235A

图 4-4　定模座板

4. 动模镶件（如图 4-5 所示）的加工工艺

（1）备料。

（2）锻打，保证毛坯尺寸为 $102 \times 95 \times 35$。

（3）退火。

（4）刨六面、对角尺，保证尺寸为 $92.5 \times 86 \times 31$。

（5）磨六面、对角尺，保证尺寸为 $92 \times 85.4 \times 30.4$。

（6）铣挂台，保证 5，将尺寸 85 精铣至 85.5，并铣 $4 \times R10$；铣倒锥形冷料穴、分流道及浇口，留研磨量 0.01 mm；点各孔中心。

（7）钳工，钻、铰 $8^{+0.015}_{0}$，钻 $2 \times \phi 18.95^{+0.021}_{0}$ 及 $2 \times \phi 20.9^{+0.021}_{0}$ 的线切割穿丝孔 $\phi 4$。

（8）淬火、回火至硬度值为 $50 \sim 55$ HRC。

（9）磨六面、对角尺，保证尺寸为 $85^{+0.035}_{+0.013} \times 85^{+0.035}_{+0.013} \times (30 \pm 0.02)$。

（10）退磁。

（11）线切割，割 $2 \times \phi 18.95^{+0.021}_{0}$、$2 \times \phi 20.9^{+0.021}_{0}$ 及 $2 \times \varphi 15.08^{+0.018}_{0}$ 和 7.5 ± 0.02，直

径留研磨量 0.01 mm。

（12）钳工研光各孔及分流道与浇口至要求，保证与推管外表面（拉料杆）滑配。

（13）检验。

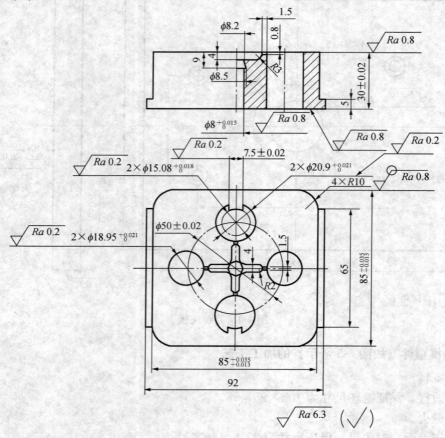

1. 材料：Cr12MoV；

2. 热处理：50～55 HRC。

图 4-5　动模镶件

5. 动模固定板（如图 4-6 所示）的加工工艺

（1）备料。

（2）锻打，保证毛坯尺寸为 205×195×35。

（3）正火。

（4）刨六面、对角尺，保证尺寸为 195.5×185.5×30.5。

（5）磨上下两面，保证平行度要求，厚度至 30.2（留钳工装配磨量 0.2 mm）。

（6）精铣一端面、一侧面、对角尺，保证尺寸为 195×185×30.2。

（7）钳工按图划线，钻 $4\times\phi24^{+0.021}_{0}$ 导柱孔预孔留镗量单边 0.5 mm，钻铰 $4\times\phi10^{+0.022}_{0}$，钻排孔去除中间 $85^{+0.035}_{0}\times85^{+0.035}_{0}$ 方孔废料。

（8）校外形精铣中间方孔 $85^{+0.035}_{0}\times85^{+0.035}_{0}$，达到图样尺寸要求；铣方孔挂台 92.5，达到图样尺寸要求。

（9）校外形及中间方孔，镗 $4\times\phi24^{+0.021}_{0}$ 导柱孔，达到图样尺寸要求。

（10）钻 $\phi8$ 水道孔，铣 $4\times\phi31$ 挂台深 5，铣导柱排屑槽。

（11）钻水嘴螺纹 M14×1.5（2 处）的底孔 $\phi12.5$ 及堵塞孔螺纹 M10（6 处）的底孔 $\phi8.5$ 并攻螺纹；钻 $4\times$M10 底孔 $\phi8.5$ 深 25，并攻螺纹。

（12）检验。

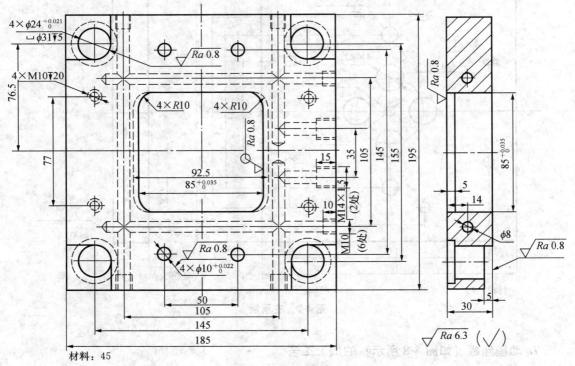

材料：45

图 4-6　动模固定板

6. 支承板（如图 4-7 所示）的加工工艺

（1）备料。

（2）锻打，保证毛坯尺寸为 205×195×30。

（3）正火。

（4）刨六面、对角尺，保证尺寸为 195.5×185.5×25.5。

（5）磨上下两面，保证平行度要求，厚度至 25。

（6）精铣一端面、一侧面、对角尺，保证尺寸为 195×185×25。

（7）钻镗 $2×\phi 14^{+0.018}_{0}$ 推板导柱孔，保证孔距与推管固定板及推板一致，点各孔中心。

（8）钳工钻 $\phi 9$、$4×\phi 11$（两处）、$4×\phi 22$。

（9）检验。

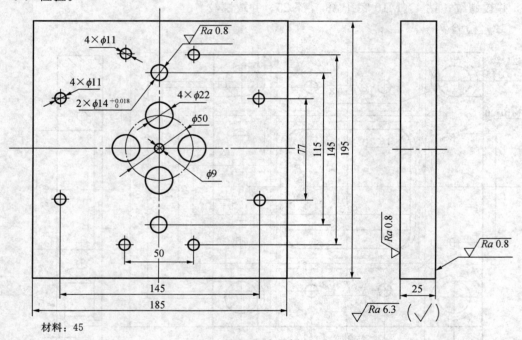

材料：45

图 4-7　支承板

7. 动模座板（如图 4-8 所示）的加工工艺

（1）备料。

（2）锻打，保证毛坯尺寸为 235×205×30。

（3）正火。

（4）刨六面、对角尺，保证尺寸为 225.5×195.5×25.5。

（5）磨上下两面，保证平行度要求，厚度至 25。

（6）精铣一端面、一侧面、对角尺，保证尺寸为 225×195×25。

（7）钳工按图划线，钻 4×ϕ10.5 扩 ϕ17 深 11，钻 4×ϕ8.5 扩 ϕ14 深 9，钻 ϕ25（顶杆孔）。

（8）检验。

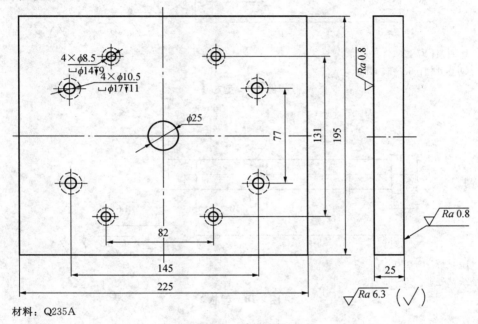

材料：Q235A

图 4-8　动模座板

8. 型芯（如图 4-9～图 4-10 所示）的加工工艺

（1）备料。

（2）车外圆，对 ϕ15.26$_{-0.018}^{0}$ 及 ϕ15.08$_{-0.018}^{0}$ 在 50 mm 内直径留磨量 0.5 mm，其余达到图样尺寸要求。

（3）淬火、回火至硬度值为 50～55 HRC。

（4）磨配外圆 ϕ15.26$_{-0.018}^{0}$ 及 ϕ15.08$_{-0.018}^{0}$，保证与推管及定模镶件孔滑配。

（5）检验。

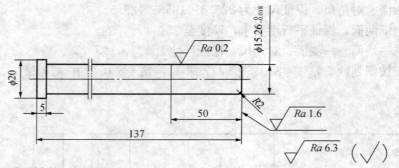

1. 材料：Cr12MoV；
2. 热处理：50～55 HRC。

图 4-9 型芯 1

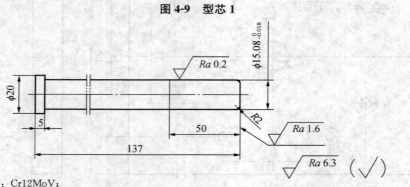

1. 材料：Cr12MoV；
2. 热处理：50～55 HRC。

图 4-10 型芯 2

9. 推管（如图 4-11～图 4-12 所示）的加工工艺

（1）备料。

（2）车，内孔 $\phi 15.08^{+0.018}_{0}$（$\phi 15.26^{+0.018}_{0}$）处钻铰线切割穿丝孔 $\phi 4$，头部 45 mm 部分外圆直径留磨量 0.5 mm，长度留磨量 0.5 mm，其余达到图样尺寸要求。

（3）对于推管 1，精铣直槽留研磨量 0.01 mm。

（4）淬火、回火至硬度值为 50～55 HRC，不得脱皮、不变形。

（5）退磁。

（6）线切割，校穿丝孔，割 $\phi 15.08^{+0.018}_{0}$（$\phi 15.26^{+0.018}_{0}$），直径留研磨量 0.01 mm。

（7）回火。

（8）穿芯轴磨外圆 $\phi 20.9$（$\phi 18.95$），保证与动模镶件滑配。

（9）磨配长度，保证装配图尺寸要求。

（10）钳工研磨内孔，保证与型芯滑配。

（11）检验。

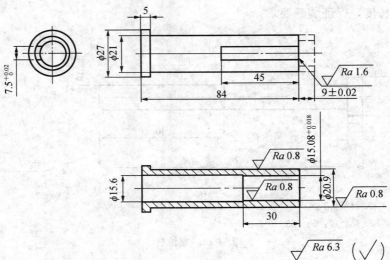

1. 材料：Cr12MoV；
2. 热处理：50～55 HRC。

图 4-11　推管 1

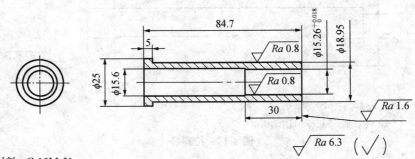

1. 材料：Cr12MoV；
2. 热处理：50～55 HRC。

图 4-12　推管 2

10. 复位杆（如图 4-13 所示）和拉料杆（如图 4-14 所示）的加工工艺

（1）备料。

（2）车外圆，对 $\phi 10^{-0.013}_{-0.035}$（$\phi 8^{-0}_{-0.015}$），头部 40 mm 部分外圆直径留磨量 0.5 mm，长度留磨量 0.5 mm，其余达到图样尺寸要求。

（3）淬火、回火至硬度值为 50～55 HRC。

（4）磨配外圆，保证与复位杆孔（拉料杆孔）滑配。

（5）磨配长度，保证装配要求。

（6）检验。

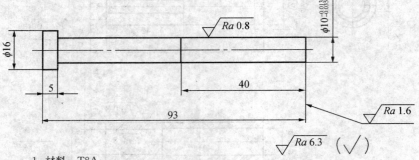

1．材料：T8A；

2．热处理：50～55 HRC。

图 4-13 复位杆

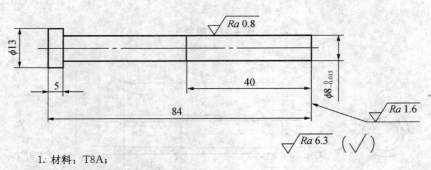

1．材料：T8A；

2．热处理：50～55 HRC。

图 4-14 拉料杆

11. 型芯固定板（如图 4-15 所示）的加工工艺

（1）备料。

（2）锻打，保证毛坯尺寸为 205×113×23。

（3）正火。

（4）刨六面、对角尺，保证尺寸为 195.5×103.5×18.5。

（5）磨上下两面，保证平行度要求，厚度至 18。

（6）精铣一端面、一侧面、对角尺，保证尺寸为 195×103×18。

（7）钳工按图划线，钻 4×M8 底孔 $\phi6.7$ 并攻丝，钻 4×$\phi16$、$\phi25$。

（8）铣工扩 4×$\phi21$ 深 5。

（9）检验。

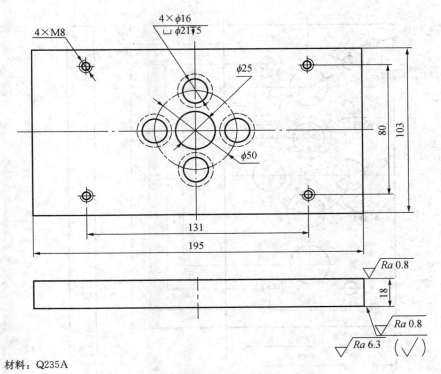

材料：Q235A

图 4-15　型芯固定板

12. 推管固定板（如图 4-16 所示）的加工工艺

（1）备料。

（2）锻打，保证毛坯尺寸为 205×113×21。

（3）正火。

（4）刨六面、对角尺，保证尺寸为 195.5×103.5×16.5。

（5）磨上下两面，保证平行度要求，厚度至 16。

（6）精铣一端面、一侧面、对角尺，保证尺寸为 195×103×16。

（7）钳工按图划线，钻 2×$\phi25^{+0.021}_{0}$（推板导套孔）预孔留镗量单边 0.5 mm。

（8）镗 2×$\phi25^{+0.021}_{0}$，保证孔距与推板及支承板一致，点其余各孔中心。

（9）钳工钻 $4 \times M8$ 底孔 $\phi 6.7$ 并攻螺纹，钻 $4 \times \phi 10.5$、$\phi 8.5$、$2 \times \phi 20$、$2 \times \phi 22$。

（10）铣工扩 $4 \times \phi 17$ 深 5、$\phi 14$ 深 5、$2 \times \phi 27$ 深 5、$2 \times \phi 29$ 深 5。

（11）检验。

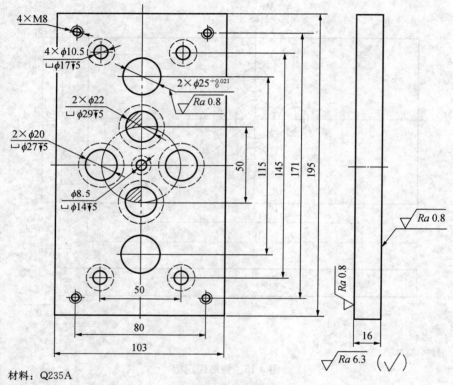

材料：Q235A

图 4-16　推管固定板

13. 推板（如图 4-17 所示）的加工工艺

（1）备料。

（2）锻打，保证毛坯尺寸为 $205 \times 113 \times 24$。

（3）正火。

（4）刨六面、对角尺，保证尺寸为 $195.5 \times 103.5 \times 19.5$。

（5）磨上下两面，保证平行度要求，厚度至 19。

（6）精铣一端面、一侧面、对角尺，保证尺寸为 $195 \times 103 \times 19$。

（7）钳工按图划线，钻 $2 \times \phi 25^{+0.021}_{0}$（推板导套孔）预孔留镗量单边 0.5 mm。

（8）镗 $2 \times \phi 25^{+0.021}_{0}$，保证孔距与推管固定板及支承板一致，点其余各孔中心。

（9）铣工扩 $2 \times \phi 32$ 深 5。

（10）钳工钻 $4 \times \phi 16$，钻 $4 \times \phi 8.5$ 扩 $\phi 14$ 深 9。

（11）检验。

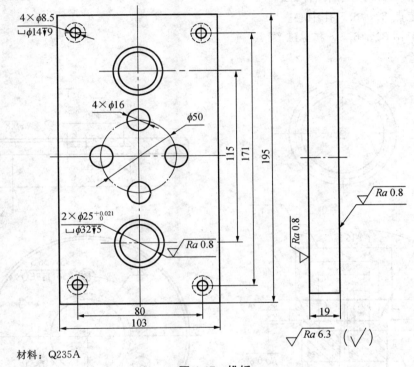

图 4-17　推板

14. 浇口套（如图 4-18 所示）的加工工艺

（1）备料。

（2）精车外圆及锥孔，长度尺寸 20 ± 0.02 留磨量 0.5 mm，外圆尺寸 $\phi 40^{+0.027}_{+0.009}$ 直径留磨量 0.5 mm，其余达到图样尺寸要求。

（3）淬火、回火至硬度值为 55～60 HRC。

（4）磨外圆，保证尺寸为 $\phi 40^{+0.027}_{+0.009}$。

（5）车工抛光锥孔。

（6）磨配长度。

（7）检验。

15. 定位圈（如图 4-19 所示）的加工工艺

（1）备料。

（2）车内孔台阶、外圆，厚度留磨量 0.5 mm，其余达到图样尺寸要求。

（3）以第一端面为基准磨两面。

（4）铣工点 $3 \times \phi 6.5$ 孔中心。

（5）钳工钻 $3 \times \phi 6.5$，扩 $\phi 11$ 深 7。

（6）检验。

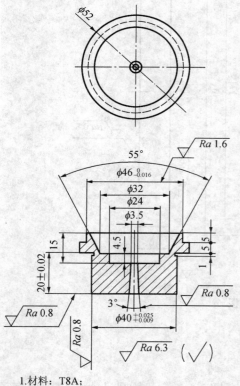

1.材料：T8A；
2.热处理：50～55 HRC。

图 4-18 浇口套

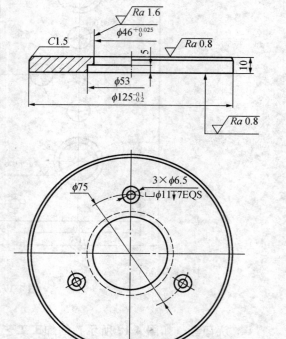

材料：Q235A

图 4-19 定位圈

16. 水嘴（如图 4-20 所示）的加工工艺

（1）备料。

（2）车外形及内孔，达到图样尺寸要求。

（3）铣正六方形，达到图样尺寸要求。

（4）检验。

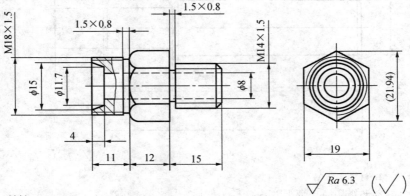

材料：H62

图 4-20 水嘴

17. 螺塞（如图 4-21 所示）的加工工艺

（1）备料。

（2）车外圆，达到图样尺寸要求。

（3）铣直槽，达到图样尺寸要求。

（4）检验。

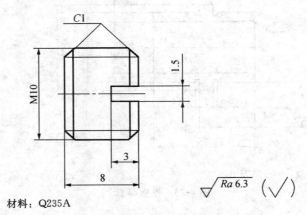

材料：Q235A

图 4-21 螺塞

18. 其他零件图（如图 4-22～图 4-25 所示）

以下零件为标准件，加工工艺从略。

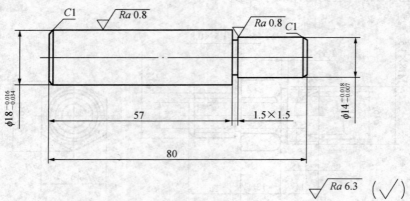

1. 材料：T8A；
2. 热处理：50～55 HRC。

图 4-22　推板导柱

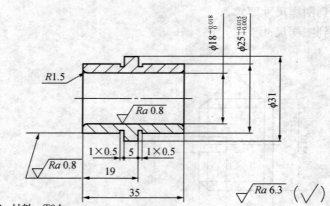

1. 材料：T8A；
2. 热处理：50～55 HRC。

图 4-23　推板导套

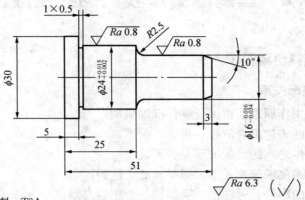

1. 材料：T8A；
2. 热处理：54～58 HRC。

图 4-24　导柱

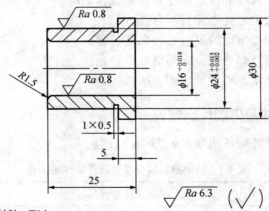

1. 材料：T8A；
2. 热处理：54～58 HRC。

图 4-25　导套

4.2 塑料模制作实训的技术准备

4.2.1 审定模具全套图样

1. 审定模具的装配关系

（1）检查模具的工作原理能否保证零件准确成型。

（2）检查装配图的表达是否清楚、正确、合理。

（3）检查相关零件之间的装配关系是否正确。

（4）检查总体技术要求是否正确、完整及能否达到。

（5）检查装配图的序号、标题栏、明细栏是否正确完整。

2. 审定各模具零件图

（1）检查零件图与装配图的结构是否相符。

（2）检查相关零件的结构与尺寸是否吻合。

（3）检查零件图的投影关系是否正确，表达是否清楚。

（4）检查零件的形状尺寸和位置尺寸是否完整、正确。

（5）检查零件的制造公差是否完整、合理。

（6）检查零件的粗糙度方面的要求是否完整、合理。

（7）检查零件的材料及热处理方面的要求是否完整、合理。

（8）检查其他技术要求是否完整，能否达到。

4.2.2 编制标准件及外购件明细表

待制塑料模标准件及外购件明细表见表 4-1。

表 4-1　待制塑料模标准件及外购件明细表

零（部）件名称	规格及标准代号	数量/个
螺钉 1	M10×25（GB/T 70.1—2000）	4
螺钉 2	M10×130（GB/T 70.1—2000）	4
螺钉 3	M8×30（GB/T 70.1—2000）	4
螺钉 4	M6×12（GB/T 70.1—2000）	3
螺钉 5	M8×20（GB/T 70.1—2000）	4

4.2.3　审定待加工零件的加工工艺

1. 审定待加工零件加工工艺的内容

待加工零件的制造工艺要进行全面审核,既要保证零件图样的技术要求,又要符合模具制作实训基地的具体情况(如基地的设备情况、工艺及技术水平等),其主要审定内容如下。

(1)审定原定工艺路线能否达到图样的技术要求。

(2)审定选用加工设备的技术经济成本是否合理。

(3)审定原定工艺所采用的设备实训基地是否具备,若不具备则要改变加工工艺,尽量采用实训基地现有的加工设备,在保证图样要求的前提下加工零件。

(4)审定原工艺过程中的二类工具在实训基地中是否具备,若不具备,也要考虑改变加工工艺,尽量利用实训基地现有的条件进行加工。

(5)若确有特殊要求而实训基地确实无法加工,应考虑外协加工。应尽可能地减少外协加工量,以降低模具制作的成本。

2. 审定待加工零件的加工工艺示例

(1)审定定模固定板的加工工艺。若该件采用的是通用设备,不需采取特殊措施就可以保证图样尺寸精度和表面粗糙度的要求,则该零件的加工工艺可行。

(2)审定动模镶件的加工工艺。若该件除采用了数控线切割机床加工外,其他设备也为通用设备。且由于数控线切割机床是现代模具加工中常用的模具加工专用设备,并且该件采用普通线切割机床加工即可保证图样尺寸及表面粗糙度等技术要求,则该零件的工艺可行。

4.2.4　确定待加工零件的毛坯尺寸或毛坯图

1. 型芯的毛坯尺寸

型芯如图 4-9 和图 4-10 所示,毛坯直径按零件图的最大直径加上双边车削余量 2~3 mm,并取标准值,则为 22 mm。长度的左右两边保留 5 mm。则全长为 147 mm。因该毛坯直径较小,故不需锻打,直接得出毛坯的下料尺寸为 $\phi22\times147$。

2. 定模镶件毛坯的锻件尺寸及棒料的下料尺寸

(1)锻件尺寸确定。定模镶件如图 4-2 所示,其最终外形尺寸为 $92\times85\times25$。因为定模镶件外形要经过刨六面、磨六面、淬火后再磨六面的加工过程,所以将最终外形尺寸加上每次加工的余量后就是毛坯的锻造尺寸。

厚度:淬火后磨上下平面的余量各为 0.1~0.2 mm,刨削后磨上下平面的余量各为 0.2~0.3 mm,锻造后的上下平面刨削余量各为 2~3 mm,则该件的锻造毛坯厚度为 25＋

$0.2 \times 2 + 0.3 \times 2 + 2 \times 2 = 30$，取整数值后为 30 mm。

长度和宽度方向单面留刨削余量 3～5 mm，同理，长度和宽度的锻造尺寸为 102×95。由此可得该件的锻造毛坯尺寸为 $102 \times 95 \times 30$。

（2）棒料锯料尺寸的确定。

①计算锻件体积 $V_a = 102 \text{ mm} \times 95 \text{ mm} \times 30 \text{ mm} = 290\,700 \text{ mm}^3$。

②计算棒料体积。

因为棒料锻打后有一些火耗量，故要乘以系数 K

$$V_P = KV_a = 1.05 \times 290\,700 \text{ mm}^3 = 305\,235 \text{ mm}^3$$

K 取 1.05～1.10。锻打 1～2 次时取 $K = 1.05$，火次增加时取大值。

③计算棒料直径。

棒料的长径比取 2：1，则 $D_j = \sqrt[3]{\dfrac{2}{\pi}V_P} = \sqrt[3]{0.637 \times 305\,235} \text{ mm} \approx 57.9 \text{ mm}$。

④确定实用棒料的直径 D。

$D \geqslant D_j$，并应取现有棒料直径规格中与 D_j 最接近的值，则取 $D = 60 \text{ mm}$。

⑤计算锯料长度 L。

$$L = \frac{4}{\pi} \times \frac{V_P}{D^2} = 1.273 \times \frac{305\,235}{60^2} \text{ mm} \approx 108 \text{ mm}$$

3. 动模固定板毛坯的锯料尺寸

动模固定板如图 4-6 所示，最终外形尺寸为 $195 \times 185 \times 30$。因为动模固定板外形要经过刨六面，磨上下两面，精铣侧面，动模镶件装入动模固定板后还要磨背面的加工过程，则固定板的厚度应为 30 mm＋磨背面厚度 0.2 mm＋磨上下表面各 0.3 mm＋板料刨削的上下平面各 2 mm，再取标准板料厚度值，即 $(30 + 0.2 + 2 \times 0.3 + 2 \times 2) \text{ mm} = 34.8 \text{ mm}$，取标准材料厚度为 35 mm。长度 195 mm 留出刨、铣余量后为 205 mm，宽度留出刨、铣余量后为 195 mm，则毛坯锯料尺寸为 $205 \times 195 \times 35$。如动模固定板用棒料锻打，则参见上述第 2 条定模镶件毛坯的锻件尺寸及棒料的下料尺寸的计算方法。

4.3　塑料注射模具制造特点

塑料注射模具是采用注射成型的方法生产塑料制件的必备工具。塑料注射模具的制造过程是指根据塑件的形状、尺寸要求，设计制造出合理、使用寿命长、精度高、成本较低的能批量生产出合格产品的模具的过程。

4.3.1 塑料注射模具的制造

1. 塑料注射模具制造过程中的基本要求

在生产塑料注射成型模具时，其模具制造过程应满足以下基本要求。

（1）保证模具质量。保证模具质量是指在正常生产条件下，按工艺过程所加工的模具应能达到设计图样所规定的全部精度和表面质量要求，并能够批量生产出合格的产品。模具的质量应该由制造工艺规程所采用的加工方法、加工设备及生产人员的操作来保证。

（2）保证模具的制造周期。模具制造周期是指在规定的日期内，将模具制造完毕。模具制造周期的长短，反映了模具生产技术水平和组织管理水平高低。在制造模具时，应力求缩短模具制造周期，这就需要制订合理的加工工序，应尽量选用标准件，采用计算机辅助设计和计算机辅助制造等先进技术。

（3）保证模具使用寿命。模具的使用寿命是指模具在使用过程中的耐用程度，一般以模具生产出的合格制件的数量作为衡量标准。使用寿命反映了模具加工制造水平，是模具生产质量的重要指标。

（4）保证模具成本低廉。模具成本是指模具的制造费用。由于模具是单件生产，机械化、自动化程度不高，所以模具成本较高。为降低模具制造成本，应根据塑件批量大小，合理选择模具材料，制订合理的加工规程，并设法提高劳动生产率。

（5）不断提高加工工艺水平。模具的制造工艺应根据现有条件尽量采用新工艺、新材料，以提高模具生产效率，降低成本，使模具生产有较高的技术经济效益和水平。

（6）保证良好的劳动条件。模具的制造工艺过程要保证操作工人有良好的劳动条件，防止粉尘、噪声、有害气体等污染源的产生。

2. 塑料注射模具的制造过程

塑料模具的制造过程包括以下内容。

（1）模具图样设计。模具图样设计是模具生产中最关键的工作，模具图样是模具制造的依据。模具图样设计包括以下内容。

①了解所要生产的塑料制件。根据塑件图样掌握塑件的结构特点和用途。不同用途的塑件有不同的形状、尺寸公差以及不同的表面质量要求，能否通过塑料注射模具生产出合格的产品是首先要考虑的问题。其次，掌握塑件所用塑料的模塑成型特性，特别是直接影响模具设计的特性，如塑料的收缩率、塑料的流动特性以及注射成型时所需的温度条件等。

②了解所要生产制件的批量。制件生产的批量对模具的设计有很大的影响，根据制件的需求数量，可以确定模具的使用寿命、模具的型腔数目以及模具所需的自动化程度和模具的

生产成本。对于大量需求的制件应尽量采用多型腔模具、热流道模具和适于全自动化生产的模具结构；对于需求量较少的制件，在满足制件质量的前提下应尽量减少模具成本。

③了解生产塑料制件所需设备。塑料注射模具要安装到塑料注射成型机上使用，因此注射成型机的模具安装尺寸、顶出位置、注射压力、合模力以及注射量等参数都会影响模具的尺寸和结构。另外，注射成型机的自动化程度也限制了模具的自动化程度。例如，带有机械手的注射成型机可以自动取出注射成型制件和浇注系统凝料，能方便地完成自动化生产过程。

④确定模具设计方案。在清楚了解了生产的塑料制件之后，即可以开始模具方案设计，其过程包括如下几方面。

a. 设计前应确定的因素。设计前应确定的因素包括：所用塑料种类及成型收缩率；制件允许的公差范围和合适的脱模斜度；注射成型机参数；模具所采用的模腔数以及模具的生产成本等。

b. 确定模具的基本结构。根据已知的因素确定所设计模具的外形尺寸；选择合理的制件分型面；确定模具所采用的浇注系统类型；确定塑件由模具中推出的方式以及模腔的基本组成。在确定模具的基本结构时，还应该考虑是否采用侧向分型结构，是否采用组合模腔，以及模腔的冷却方式和模腔内气体的排出。

c. 确定模具中所使用的标准件。在模具设计中应尽可能地选择标准件，包括采用标准模架、模板，采用标准的导柱、导套、浇口套、推杆及复位杆等。采用标准件可以提高模具制造精度，缩短模具生产周期，降低生产成本。

d. 确定模具中模腔的成型尺寸。根据塑件的基本尺寸，运用成型尺寸的计算公式，确定模具模腔各部分的成型尺寸。

e. 确定模具所使用的材料。合理选用模具材料，根据强度、刚度校核公式可以对分型面、型腔、型芯、支承板等模具零件进行强度和刚度校核，以确保满足使用要求。

在确定模具结构设计方案时，为提高效率可以采用"类比"的方法，即将以前设计制造过类似制件并成功使用的模具结构套用到新制件的模具结构上，这样可简化设计过程，特别适合于刚开始从事模具设计的技术人员。

⑤完成模具的设计图样。它包括模具装配图和零件图。

（2）制订模具零件加工工艺规程。工艺规程是按照模具图样，由工艺人员制订的整个模具或各个零部件的制造工艺过程。模具零件加工工艺规程通常采用卡片的形式送到生产部门。一般模具的生产以单件加工为主，工艺规程卡片是以加工工序为单位，简要说明模具或零部件的加工工序名称、加工内容、加工设备以及必要的说明，它是组织生产的依据。模具型芯的加工工艺卡见表4-2。

表 4-2　模具型芯加工工艺卡

零件名称	型芯 1	编号	19	件数	2

零件图

$\phi 15.26_{-0.01}^{0}$

$\sqrt{Ra\,0.2}$

$\phi 20$

5

50

R2

$\sqrt{Ra\,1.6}$

137

$\sqrt{Ra\,6.3}$ $(\sqrt{\quad})$

工序号	工序名称	工序内容	加工设备	备注
1	车.	车外圆、端面	车床	
2	热处理	淬火、回火	真空热处理炉	50～55 HRC
3	磨	磨外圆	外圆磨床	
4	磨	磨长度	平面磨床	
5	检	检验		
6	钳	装配		与动模镶件研配

制订工艺规程的基本原则是：保证以最低的成本和最高的效率来达到设计图样上的全部技术要求。所以，在制订工艺规程时应满足以下几个要求。

①设计图样要求。即工艺规程应全面可靠和稳定地保证达到设计图样上所需求的尺寸精度、形状精度、位置精度、表面质量和其他技术要求。

②最低成本要求。所制订的工艺规程应在保证质量和完成生产任务的前提下，使生产成本降到最低，以降低模具的整体成本。

③生产时间要求。工艺规程要在保证质量的前提下，以较少的工时来完成加工过程，以提高生产率。

④生产安全要求。工艺规程要保证操作工人有良好的安全劳动条件。

（3）组织模具零部件的生产。按照零部件的加工工艺卡片组织零部件的生产，一般可以采用机械加工、电加工、铸造、挤压等方法完成零部件的加工过程，制造出符合加工要求的零部件。

零部件的生产加工质量直接影响到整个模具的使用性能和寿命。在实际生产中，零件加工质量包括机械加工精度和机械表面加工质量两部分内容。

机械加工精度是指零部件经加工后的尺寸、几何形状及各表面相互位置等参数的实际值与设计图样规定的理想值之间相符合的程度，而它们之间不相符合的程度称为加工误差。加工精度在数值上通过加工误差的大小来表示，即精度越高加工误差越小。

机械表面加工质量是指零部件经加工后的表面粗糙度、表面硬度、表面缺陷等物理力学性能。

在零部件加工中，由于种种因素的影响，零部件的加工质量必须允许有一定的变动范围，只要实际的误差在允许的公差范围之内，则该零部件就是合格的。

（4）塑料注射模具装配与调试。按规定的技术要求，将加工合格的零部件进行配合与连接，装配成符合模具设计图样要求的模具。塑料模具的装配过程也会影响模具的质量和模具的寿命。为此将装配好的模具安装在规定的注射成型机上进行试模。在试模过程中，边试边调整、校正，直到生产出合格的塑件。同时，填写注射成型工艺卡片，记录注射成型工艺参数。

（5）模具检验与包装。将试模合格的模具进行外观检验，打好标记，经防锈处理后，将试制出的合格塑件随同模具进行包装，填好检验单和合格证，交付生产部门使用。

3. 反映模具制造水平的几个方面

塑料注射模具的制造过程反映了模具制造水平的高低，其衡量的标准如下。

（1）模具制造周期。模具的制造周期反映了模具设计、生产技术水平。在模具制造中，应设法缩短模具制造周期，采用计算机辅助设计、数控机床加工等技术，可以大大缩短模具的制造周期。

（2）模具使用寿命。提高模具的使用寿命是一项综合技术问题。在模具制造过程中，要保证模具的结构设计和模具材料选用合理，制造工艺方法正确以及热处理工艺合理等。这样才能保证模具有较高的使用寿命。

（3）模具制造精度。模具的精度可分为两个方面：一方面是成型塑件所需的精度，即成型型腔、型芯等的精度；另一方面是模具本身所需的精度，如平行度、垂直度、定位及导向配合精度等。模具的制造精度受加工方法、加工设备自身精度的限制。

（4）模具制造成本。在保证模具质量的前提下，模具成本越低，表明模具技术水平越高。这就要求在制造模具时，合理地选择模具材料和加工方法，以便最大限度地降低模具造价。

（5）模具标准化程度。模具标准化是专业化生产的重要措施，也是系统提高劳动生产率、提高产品质量和改善劳动组织管理的重要措施。不断扩大模具标准化范围，组织专业化生产，是提高模具制造水平的重要途径。

4.3.2　塑料注射模具技术要求

为保证模具的制造质量就必须达到一定的制造技术要求，GB/T 12554—2006 规定了塑料注射模技术条件，GB/T 4170—2006 规定了塑料注射模具零件技术条件，GB/T 12556—2006 规定了塑料注射模模架技术条件。标准规定了塑料模具的零件加工和装配技术要求，以及模具的材料、验收、包装、运输、保管等方面的基本规定。

部分塑料注射模具零件加工的技术要求见表 4-3；塑料注射模具模架装配后的精度要求见表 4-4。

表 4-3　塑料注射模具零件加工的技术要求

零件名称	加工部位	条件	要求
模板	厚度	平行度	GB/T 1184—1996 中的 5 级
	两侧基准面之间的关系	垂直度	GB/T 1184—1996 中的 5 级
	侧基准面与底面的关系	垂直度	GB/T 1184—1996 中的 7 级
导柱	固定端直径	精磨	m6
	导向端直径	精磨	f6
	固定端与导向端的关系	同轴度	GB/T 1184—1996 中的 6 级
	硬度	淬火、回火	56～60 HRC
导套	外径	磨削加工	m6
	内径	磨削加工	H7
	内外径关系	同轴度	GB/T 1184—1996 中的 6 级
	硬度	淬火、回火	52～60 HRC

表 4-4　塑料注射模具模架装配后的精度要求

项目	精度要求
水平自重条件下，定模座板与动模座板的安装平面的平行度	GB/T 1184—1996 中的 7 级
导柱、导套的轴线对模板的垂直度	GB/T 1184—1996 中的 5 级
固定接合面间隙	不允许有
水平自重条件下，分型面的贴合间隙	模板长 400 mm 以下不大于 0.03 mm

模具钳工训练
MU JU QIAN GONG XUN LIAN

4.3.3 塑料注射模具零件常用材料

塑料注射模具结构比较复杂，组成一套模具有各种各样的零件，各个零件在模具中所处的位置和作用不同，对材料性能要求就有所不同。选择优质、合理的材料，是生产高质量模具的保证。

1. 塑料注射模具零件用材料的基本要求

（1）具有良好的机械加工性能。塑料注射模具零件的生产，大部分由机械加工完成。良好的机械加工性能是实现高速加工的必要条件。良好的机械加工性能能够延长加工刀具寿命，提高切削性能，减小表面粗糙度值，以获得高精度的模具零件。

（2）具有足够的表面硬度和耐磨性。塑件的表面粗糙度和尺寸精度、模具的使用寿命等都与模具成型零件表面的粗糙度、硬度和耐磨性有直接的关系。因此，要求塑料注射模具的成型表面有足够的硬度，其淬火硬度应不低于55 HRC，以便获得较高的耐磨性，延长模具的使用寿命。

（3）具有足够的强度和韧性。由于塑料注射模具在制件成型过程中反复受到压应力（注射机的锁模力）和拉应力（注射模型腔的注射压力）的作用，特别是大中型和结构形状较复杂的注射模具，要求其模具零件材料有高的强度和良好的韧性，以满足使用要求。

（4）具有良好的抛光性能。为了获得高光洁表面的塑料制件，要求成型零件表面粗糙度值小，因而要求对成型零件的表面进行抛光以减小其表面粗糙度值。为保证抛光性，所选用的材料不应有气孔、粗糙杂质等缺陷。

（5）具有良好的热处理工艺性。模具材料经常依靠热处理来达到必要的硬度，这就要求材料的淬硬性及淬透性好。塑料注射模具的零件往往形状复杂，淬火后进行加工较为困难，甚至根本无法加工，因此模具零件应尽量选择热处理变形小的材料，以减少热处理后的加工量。

（6）具有良好的耐腐蚀性。一些塑料及其添加剂在成型时会产生腐蚀性气体，因此选择的模具材料应具有一定的耐腐蚀性，另外还可以采用镀镍、铬等方法提高模具型腔表面的抗蚀能力。

（7）具有良好的表面加工性能。塑料制件要求外表美观，有花纹装饰时，会对模具型腔表面进行化学腐蚀花纹，因而要求模具材料蚀刻花纹容易，花纹清晰，耐磨损。

2. 塑料注射模具零件常用材料

（1）结构零件用钢。塑料注射模具中的结构零件一般采用碳素结构钢或低合金钢。

①Q235A。Q235A为碳素结构钢，其力学性能较差，但价格低廉，常用于塑料注射模的动模座板及定模座板、垫块等零件。

142

②45、55。此类钢为优质碳素结构钢，可以用来制造结构较简单、精度要求不高的塑料注射模具，但其使用寿命较低，抛光性能不好。45、55 钢可以通过调质处理来改善其性能，可以用来制造塑料注射模具的推板、型芯固定板、支承板等零件。

③T8、T10。T8、T10 钢为碳素工具钢，其碳的质量分数高，淬火硬度可以达到 50～55 HRC，可用于制造导柱、导套、斜导柱、推杆等塑料注射模具零件。

④40Cr。40Cr 为低合金钢，可以用于制造形状不太复杂的中小型塑料注射模具。40Cr 钢可以进行淬火、调质处理，可用于制造型芯、推杆等零件。

(2) 模具钢。为满足塑料注射模具对材料的各种要求，目前有许多专用的模具钢。

①Cr2Mo（P20）。这是一种可以预硬化的塑料模具钢，预硬后的硬度为 36～38 HRC，适用于制作塑料注射模具型腔，其加工性能和表面抛光性能较好。

②10NiCuA1VS（PMS）。此种钢为析出硬化钢。预硬后时效硬化，硬度可达到 40～45 HRC。热变性极小，可做镜面抛光，特别适合于腐蚀精刻花纹。可用于制造尺寸精度高、生产批量大的塑料注射模具。

③06Ni7Ti2Cr。此种钢为马氏体时效钢。在未加工前为固熔体状态，易于加工。精加工后以 480～520 ℃进行时效，硬度可达到 50～57 HRC。适用于制造要求尺寸精度高的小型塑料注射模具，可做镜面抛光。

④8CrMnWMoVS（8CrMn）。此种钢为易切削预硬化钢，可做镜面抛光。其抗拉强度高，常用于大型注射模具。调质后硬度为 33～35 HRC，淬火时可空冷，硬度可达到 42～60 HRC。

⑤25CrNi3MoA1。此种钢为时效硬化钢，适用于型腔腐蚀花纹。调质后硬度为 23～25 HRC，可用普通高速钢刀具加工。时效后硬度值为 38～42 HRC。可以做氮化处理，氮化处理后表面硬度可达到 1 100 HV。

⑥Cr16Ni4Cu3Nb（PCR）。此种钢为耐蚀钢，属于不锈钢类型。该钢种可以空冷淬火，硬度可达到 42～53 HRC，适于有腐蚀性的聚氯乙烯类塑料制件的注射模具。

(3) 其他材料。有色金属材料和非金属材料也是塑料注射模具中经常用到的材料。

①铍铜合金。铍铜合金是在铜中加入 3.0%以下的铍（Be）而形成的合金。铍铜合金通常采用精密铸造或者压力铸造来制造精密、复杂型腔。铍铜合金力学性能好，热处理硬度可达 40～50 HRC，尺寸精度高并且导热性能好。铍铜合金价格较高，因此一般用其制造型腔镶件，镶入模具中，也用于对细小型芯进行间接冷却。

②锌基合金。常用的锌基合金是以锌作为主要成分并加入 Al、Cu、Mg 等元素形成合金。锌基合金材料熔融温度低，能用砂型铸造、石膏型铸造、精密铸造等简单方法成型。由于其熔融温度低，表面质量较好，加工周期短，经常被用在注射次数少的试模模具和小批量生产的注射成型模具。因锌基合金铸造后产生较大收缩，所以在铸造

后应放置 24 h 使其尺寸稳定后再进行加工。锌基合金的使用温度较低，当温度高于 150～200 ℃时容易引起变形。所以，锌基合金仅适用于模具温度较低的塑料注射模具。

③环氧树脂。环氧树脂运用在试制及成型批量很少的模具上。纯环氧树脂中一般加铝粉等填料以改善其强度、硬度、收缩率等性能。采用环氧树脂制模时，只要有模型，就能在相当短的时间内制造出模具，因此对于试制产品是非常有利的。

塑料注射模具零件所使用的材料可以根据实际情况选用。常用塑料注射模具零件材料的选用及热处理见附录 2。

4.4 塑料模具主要零件的加工示范

先按图样要求完成所有零件的加工，再进行总装是一般机械及零件的加工顺序。模具零件常常不能一次全部完成所有加工内容。因为模具在进行部件组装或整模组装时常用到修配或配作工艺，一些加工内容要待装模时实施。模具零件的加工顺序还与模具的装配方法有关。

模具成型零件的制作是关键。这类零件所涉及的加工工艺有其特殊性，本节选取本例中部分主要零件作为模具零件加工的示范实例。

4.4.1 塑料模具零件常用加工方法

1. 机械加工

机械加工是模具制造中的重要加工方法，模具中的大多数零件都是通过机械加工方法制造的。常用的机械加工设备如下。

（1）普通切削加工机床。常用的普通切削加工机床有车床、钻床、铣床、刨床、磨床和镗床等。

①车床。车床是以加工回转体零件为主的机械加工机床。车床的种类很多，包括卧式车床、立式车床、转塔车床和自动车床等。车床工作时被加工工件装在卡盘上，主轴使工件作旋转运动，刀具在进给箱的带动下做直线运动，完成切削加工。在模具零件加工中，可以使用车床加工型腔、型芯、导柱、导套等回转体零件。

②钻床。钻床是以加工孔为主的机械加工机床，常见的钻床有台式钻床、立式钻床、摇臂钻床、深孔钻床等。钻床工作是将被加工工件固定在工作台上，钻头旋转并做直线运动完成孔的加工。利用钻床可以加工模具上的各种孔，深孔钻床用于加工冷却水道等较深的孔。

③铣床。铣床用于加工平面、沟槽、曲面等各种表面，常用的铣床有立式铣床、卧式铣床、万能铣床、工具铣床等。

④刨床。刨床主要用于平面加工，常见的刨床有牛头刨床、龙门刨床、插床等。牛头刨床工作时，被加工工件用平口钳安装在工作台上，工作台可以做左右移动。刨刀固定在滑枕上的刀架中，刨刀做前后移动，通过刨刀与工作台的相对移动，完成平面加工。龙门刨床用于加工尺寸较大的工件。插床又称立式牛头刨床，主要用于加工工件的内表面，如键槽、多边形孔。

⑤磨床。磨床是用砂轮或其他磨料对金属工件进行加工的机床。常见的磨床有平面磨床、外圆磨床、内圆磨床等。磨削也是一种切削，砂轮表面上每个磨粒，可以近似地看作是一个微小的刀齿，对金属表面进行切削。磨削加工精度高，表面粗糙度值小，一般常用于半精加工和精加工。不同的磨削机床可以加工平面、外圆表面、内圆表面以及各种曲面。

（2）数控加工机床。数控加工机床简称数控机床。数控就是指把控制机床或其他设备的操作指令，以数字形式给定的一种控制方式。利用这种控制方式，按照给定的程序自动地进行加工的机床称为数控机床。目前数控机床已得到广泛运用，数控机床的种类有数控车床、数控铣床、数控磨床、加工中心等。

数控铣床的机械部分与普通铣床基本相同，工作台可以做横向、纵向运动，主轴作垂直方向的运动，因此普通铣床所加工的工艺内容，数控铣床都能够完成，此外，其数控系统可以通过伺服系统控制两个或三个轴同时运动，加工出复杂的三维曲面。数控铣床还可以作为数控钻床和数控镗床，加工具有一定尺寸精度要求和一定位置精度要求的孔。

在数控铣床的基础上增加刀具库和自动换刀系统就构成了加工中心。加工中心的刀具库可以存放十几把甚至更多的刀具，由程序控制换刀机构自动调用和更换，这样就能一次完成多道工序的加工。

与普通机床相比，数控机床的主要优点如下。

①自动化程度高，生产效率高。数控机床对零件的加工是按事先编好的程序自动完成的，操作者除了通过输入装置或操作键盘输入程序、卸装零件、装调刀具及进行必要的测量和观察外，不需要进行繁杂的手工操作，其自动化程度高。同时，由于数控机床能有效地减少加工零件所需要的机动时间和辅助时间，因而其加工生产率比普通机床高得多。

②加工精度高，产品质量稳定。数控机床具有很高的控制精度，可以保证很高的定位精度和重复定位精度，所以其加工零件精度高，而且产品尺寸一致性好，产品质量稳定。同时，数控机床的自动加工方式还可以避免生产者的人为误差，保证了产品的质量。

③控制灵活，适用性强。数控机床上只要改变控制程序，即可以完成不同工件的加工，这就为单件、小批量生产创造了必要条件，非常适合于模具零件的加工。

在数控机床上加工零件，要把待加工的零件的全部工艺过程、工艺参数等加工信息以代码的形式编制程序，通过程序指令控制机床，自动完成零件的全部加工过程。从零件图样到获得数控机床所需程序代码的全过程称为编程。

数控编程的一般步骤如下。

①分析零件图样，确定工艺过程。对需要在数控机床上加工的零件，要根据零件图分析其特点，选择合适的数控机床，确定加工工艺路线，选择合适的刀具和切削用量，充分发挥机床的效能。

②数值运算。根据零件的几何尺寸和所确定的加工路线及设定的坐标系，计算出数控机床所需输入的数据。数值计算的复杂程度，取决于零件的复杂程度和数控系统的功能。

③编写加工程序。根据计算出的加工路线数据和已确定的工艺参数，按照数控系统规定的功能指令代码和程序格式编写零件加工程序。

④程序的输入。将编写好的加工程序采用手动数据输入或介质输入、输入装置输入或以联机通信输入等方式输入数控机床。

⑤校对检查程序。校对机床运动轨迹是否正确，检查更正计算和编写程序的过程中的错误。

⑥试加工。程序校验结束后，必须在机床上试加工，试加工的零件应符合零件图样的质量和技术要求。试加工零件检验合格后，数控编程工作完成。

数控编程一般分为手工编程和自动编程。手工编程就是指从分析零件图、确定工艺过程到程序输入和校对检查都是由人工完成。对于加工形状简单、计算量小、程序不多的零件，采用人工编程容易，而且方便快捷，成本较低。自动编程是利用计算机专用软件来编制数控加工程序，编程人员只需根据零件图样构建数学模型，使用 CAM 软件由计算机自动地进行数值计算及处理，生成加工程序。对于塑料模的复杂曲面模型零件，更适合自动编程软件处理。

2. 特种加工

特种加工是指利用电能、化学能、光能等进行加工的方法。特种加工与普通的加工有本质的不同，它不要求工具材料比工件材料更硬，也不需要在加工过程中施加明显的机械力。它可以完成普通机械加工无法进行的加工工作，适合于加工各种不同材料而且结构复杂的模具零件，是模具制造必不可少的一种加工方法。

（1）电火化加工。电火花加工的原理是基于工具电极与工件电极（正级与负极）之间脉冲放电时的电腐蚀现象来对工件进行加工，以达到一定的形状、尺寸精度和表面粗造度要求的加工方法。电火花加工也称放电加工或电腐蚀加工。当工具电极与工件电极在绝缘液体中靠近时，极间电压将在两极间"相对最靠近点"电离击穿，形成脉冲放电。在放电通道中瞬时产生大量的热能，使金属局部熔化甚至气化，并在爆炸力的作用下，把熔化的金属抛出去，达到蚀除金属的目的。如图 4-26 所示为电火花加工示意图。

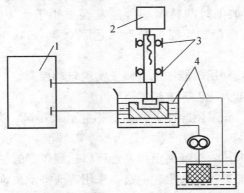

1—脉冲电源；2—放电间隙自动调节器；3—机床床身；4—工作液及其循环过滤系统

图 4-26　电火花加工示意图

电火花加工机床一般由以下四部分构成。

①脉冲电源。脉冲电源是放电腐蚀的功能装置，由它产生所需重复脉冲，加在工件电极与工具电极上，形成脉冲放电。

②间隙自动调节器。利用间隙自动调节器可以自动调节极间距离和工具电极进给的速度，维持一定的放电间隙，使脉冲放电正常进行。

③机床床身。床身用来实现工件和工具电极的装夹固定，以及调整其相对位置精度的机械系统。

④工作液及其循环系统。工作液具有一定的介电能力，有助于产生脉冲式火花放电，形成放电通道，放电结束后又能恢复极间绝缘状态。工作液能提高火花放电能量密度，使电蚀产物抛出和排除，并能够冷却工具和工件。工作液常采用煤油，通过循环过滤系统排除杂质，循环使用。

电火花加工特点如下。

①脉冲放电能量密度高。由于脉冲放电的能量密度高，故可以加工任何硬、脆、韧、软和高熔点的导电材料，在一定条件下还可以加工半导体和非导电材料，从而扩大了模具材料的选用范围。

②工件电极与工件间无作用力。加工时，工具电极与工件不接触，两者之间不存在明显的宏观作用力，而且工具材料也不比工件硬。这不仅有助于工具电极的制造，而且也有利于小孔、窄槽以及各种复杂截面的型孔、曲线孔、型腔等模具零件的加工，并能够在淬火之后进行。

③工件加工质量高。脉冲放电持续时间短，放电时所产生的热量传播范围小，工件表面的热影响区也小，有利于提高加工质量，适于加工热敏性强的材料。

④加工适应性广。脉冲参数能在一个较大的范围内调节，故可以在同一台机床上连续进行粗、精及精微加工。精加工时的精度能控制其误差小于±0.01 mm，表面粗糙度值为MRR Ra1.25～0.63 μm；精微加工时的精度可达到0.004～0.002 mm，表面粗糙度值为MRR Ra0.16～0.04 μm。

⑤自动化程度高。直接利用电能加工，便于实现自动控制。

塑料模具型腔常用的电火花工艺方法如下。

①单电极平动加工法。先采用脉冲电源的低损耗（<1%）、高加工速度规准进行加工，依次调整平动量δ，按照粗、中、精的顺序逐级改变电规准，实现型腔的侧向仿形加工。该方法的优点是只需一个电极，一次装夹定位，便可以达到较好的加工精度。平动可使电极损耗均匀，改善排屑条件，加工容易稳定。但是，采用普通平动头难以获得高精度的型腔，特别是难以加工出内尖角。

②多电极更换加工法。该方法采用多个电极，即依次更换粗、中、精加工用电极加工同一个型腔。这种方法的优点是仿形精度高，尤其适用于尖角、窄缝多的型腔加工。其缺点是需用精密机床制造多个电极，更换电极时要有高的重复定位精度。

③分解电极加工法。根据型腔的几何形状和精度要求，把电极分解为主型腔电极和辅助电极。先用主型腔电极加工出型腔，再用辅助电极加工出尖角、窄槽、异形孔等部位。该方法运用灵活，但各个电极要保证定位精度。

电极材料一般选择紫铜或石墨。

（2）电火花线切割加工。电火花线切割加工与电火花加工的原理是一样的，都是基于电极间脉冲放电时的电火花腐蚀原理，即极间液体介质被击穿后形成火花放电时，会产生大量的热量使工件表面的局部金属瞬间熔化和气化，并把熔化和气化的金属去掉，以实现加工目的。所不同的是，电火花线切割加工不需要制作复杂的成形电极，而是用不断移动的电极丝作为工具，工件则按预定的轨迹进行运动而切割出所需的零件。如图4-27所示为电火花线切割加工示意图。

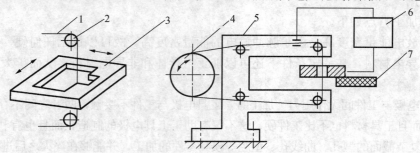

1—钼丝；2—导向轮；3—工件；4—传动轴；5—支架；6—脉冲电源；7—绝缘底板

图4-27　电火花线切割加工示意图

电火花线切割加工特点如下。

①采用线电极加工工件。以线电极代替成形电极，不需要制造复杂的成形电极，省去了成形电极的设计与制造费用，缩短了生产准备时间。

②适于加工复杂零件。由于线电极的电极丝较细，可以加工窄缝、微细异型孔和复杂形状的零件。

③材料的利用率以及加工效率高。由于线切割的切缝很窄，而且只对工件进行轮廓切削加工，实际金属蚀除量很少，材料的利用率高，而且加工切割下来的材料还可以再利用，同时电火花线切割的加工速度较高。

④线电极加工精度高。加工时由于移动的电极丝在单位长度上的损耗较小，对加工精度的影响也就小。尤其是采用单向走丝进行切割时，电极丝只使用了一次，电极丝损耗对加工精度影响就更小了。因此，工件加工精度高。

⑤加工零件形状受限制。电火花线切割加工只能加工以直线为母线的曲面，而不能加工任意空间曲面，不能加工不通孔类零件表面和阶梯成形表面。

（3）电解加工。电解加工是利用金属在电解液中产生阳极溶解的电化学原理加工工件的。如图 4-28 所示为电解加工示意图。加工时，工件接直流电源正极，工具接电源负极，并使两极之间保持狭小间隙（0.1～0.8 mm），工具以恒速向工件缓慢进给，具有一定压力（0.49～1.96 MPa）的电解液从两极之间流过，并把阳极工件溶解下来的电解产物以 5～50 m/s 的速度冲走。

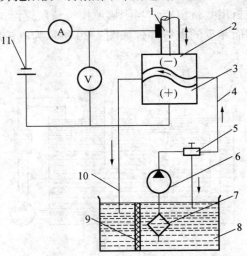

1—进给轴；2—工具负极；3—工件正极；4—电解液输送管道；5—调压阀；6—电解液泵；
7—过滤器；8—电解液；9—过滤网；10—电解液回收管道；11—直流电源

图 4-28　电解加工示意图

电解加工有如下优点。

①加工适应性广。电解加工与被加工材料的硬度、强度、韧性等无关，故可加工任何金属材料。常用于加工高温合金、钛合金、不锈钢、淬火钢和硬质合金钢等难切削材料。

②生产效率高。能以简单的直线进给运动，一次加工出复杂的型腔、型孔或外形表面。其进给速度可达到 $0.3 \sim 15$ mm/min，因此生产效率高，约为电火花加工的 $5 \sim 10$ 倍。

③表面质量好。电解加工表面质量好，不会产生毛刺，也没有残余应力和变形层，对材料的强度和硬度均无影响。表面粗糙度值可达到 MRR $Ra1.25 \sim 0.2$ μm，平均加工精度 $\pm 10 \sim 70$ μm。

④工具损耗小。电解加工时，工具负极材料本身不参与电极反应，同时工具材料又是抗腐蚀良好的不锈钢或黄铜等，所以除产生火花短路等特殊情况外，工具负极基本上没有损耗，可长期使用。

电解加工也有缺点和局限性，如电解加工精度难以严格控制，工件难以加工出棱角；电解加工设备投资大，电解液对设备的腐蚀严重；电解加工后的电解产物污染环境，处理较困难等。

（4）电铸成形加工。电铸成形加工是利用电化学过程中的阴极沉积现象来进行成形加工的。电铸成形加工用导电的原模做阴极，用电铸的金属做阳极，金属盐溶液做电铸溶液，阳极金属材料与金属盐溶液的金属离子种类相同。在直流电源的作用下，电铸溶液中的金属离子在阴极还原成金属，沉积于原模表面；而阳极金属则源源不断地补充溶液中的离子，以保持溶液中离子数量及离子析出数量恒定。当阴极原模电铸层逐渐加厚到要求的厚度时，与原模分离，即获得与原模型面相反的电铸件。如图 4-29 所示为电铸原理示意图。

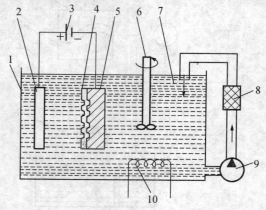

1—电铸槽；2—阳极；3—直流电源；4—电铸层；5—原模（阴极）；
6—搅拌器；7—电铸溶液；8—过滤；9—泵；10—加热器

图4-29　电铸原理示意图

电铸加工的主要特点如下。

①适合加工复杂模具型腔。采用电铸加工可以将加工困难的内表面转化为原模的外表面加工，而且原模可采用石蜡、树脂等材料，这就大大降低了加工难度，特别适于加工具有精细形状的塑料模具型腔。其加工精度高，表面粗糙度值可达到 MRR $Ra0.125~\mu m$ 以下。

②电铸加工重复精度高。电铸加工有很高的重复精度，可以用一只标准的原模制作出很多形状一致的型腔。

③电铸加工适用性广。电铸加工可以制造多层结构的制件，能将多种金属、非金属拼铸成一个整体。

④电铸加工设备简单。电铸加工不需要特殊设备，操作简单。

但是，电铸加工也存在着生产周期较长、尖角或凹槽部分铸层不均匀、铸层存在一定的内应力以及不能承受冲击载荷等缺点。因此，电铸成形加工多用于较小模具的型腔铸造。

（5）型腔表面研磨。型腔表面经机械、电加工、热处理等工序后，必须进行研磨、抛光加工。目前常用的研磨方法有手工研抛、机械研抛、电解抛光、超声波抛光等。

①研磨。研磨是由游离的磨粒通过研具对工件进行微量切削的过程，在这一加工过程中工件表面发生了复杂的物理和化学变化。

研磨的特点如下。

a. 尺寸精度高。磨料采用极细的微粒，在低速、低压下磨除一层极薄的金属，使模具工作表面获得高精度，其尺寸精度可达到 $0.25~\mu m$，表面粗糙度值可达到 MRR $Ra0.01~\mu m$。

b. 模具工作表面性能得到改善。研磨后使表面磨擦系数减小，耐磨性提高，同时研磨有利于提高工作表面的抗疲劳强度。

常用的研磨方法如下。

a. 湿研。湿研是在研具与工件表面间加入研磨剂进行研磨的方法。该方法研磨精度较低，多用于粗研和半精研。

b. 干研。干研是在一定压力下将磨粒均匀地压嵌在研具的表面中而进行的研磨。该方法研磨精度高，但研磨效率低，一般用于精研加工。

c. 半干研。半干研是采用糊状的研膏进行研磨，适用于粗研和精研。

研磨的操作方法可分为手工研磨和机械研磨。机械研磨可采用手持式研抛工具、自动研抛机等。如图 4-30 所示为手持式研抛工具。

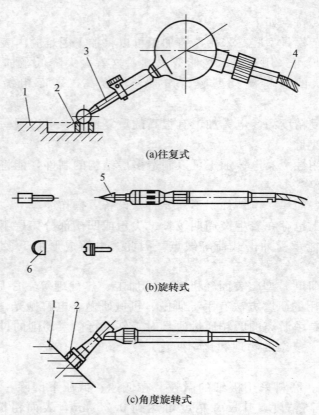

(a)往复式

(b)旋转式

(c)角度旋转式

1—工件；2—研抛环；3—球头杆；4—软轴；5—砂轮；6—抛头套

图4-30　手持式研抛工具

② 抛光。抛光是指对零件表面进行最终的光饰加工。抛光的目的是去除模具工作表面上的加工痕迹，改善表面的粗糙度，获得高光亮度的表面。经过抛光后的表面粗糙度值可达到 MRR $Ra0.4\ \mu m$。

抛光可采用砂纸抛光，还可以采用抛光剂。抛光剂是由粉粒状的抛光用软磨料与油及其他适当成分介质混合而成，分为固体抛光剂和液体抛光剂两大类。固体抛光剂又分为油脂性和非油脂性两类；液体抛光剂又分为乳浊状型、液态油脂型及液态非油脂型。实际生产中多采用固体抛光剂。

抛光可以采用手工抛光和机械抛光，其机械工具与研磨相同。

（6）照相腐蚀加工。照相腐蚀加工常用于塑料模具成型表面上的复杂图形、文字或花纹的加工。照相腐蚀加工是把所需的文字、图形摄影到照相底片上，然后经光化学反应，把文字、图形复制到涂有感光胶的金属表面，经坚膜固化处理，使感光胶具有一定的抗腐蚀能力，最后采用化学腐蚀的方法去掉未被感光部分的金属，即可获得所需文字、图形的模具型腔或电极表面。

照相腐蚀加工工艺过程如下。

①原图和照相。原图是将所需的图形按一定的比例放大描绘在纸上，形成黑白分明的文字图案。为确保原图质量，一般都需放大几倍。然后通过照相，将原图按需要的尺寸大小缩小在照相底片上。

②涂覆感光胶。对需要加工的模具成型表面进行清理，除去油污、氧化皮。涂覆感光胶（如聚乙烯醇、骨胶、明胶等），并使其干燥。

③曝光、显影和坚膜。曝光是将原图照相底片用真空的方法紧密贴合在已涂覆感光胶的模具成型表面，然后用紫外线照射，使模具成型表面上的感光胶膜按图像感光。照相底片上的不透光部分，由于挡住了光线照射，胶膜未参与化学反应，仍是水溶性的。照相底片上的透光部分由于受到了光的照射而发生了化学反应，胶膜变成了不溶于水的络合物。最后经过显影，把未感光的胶膜用水冲洗掉，胶膜便呈现出所需要的图像。为了提高显影胶膜的抗蚀性，可将其放入坚膜液中进行处理。

④固化。经感光、坚膜后的胶膜，抗蚀能力仍不强，必须进一步固化。固化方法是烘焙，烘焙的温度及时间随金属材料而异。

⑤腐蚀。经固化处理后放入腐蚀液中进行腐蚀，即可获得所需图像。

腐蚀成形后经清洗去胶，然后擦干，即可在模具成型表面得到所需的文字、图形。

采用照相腐蚀加工的文字、图形，精度高，仿真性强，腐蚀深度均匀，保证了模具的质量，使生产的塑料制件具有良好的外观效果。

4.4.2　本例塑料注射模零件的加工

模板上的型腔孔加工是塑料模具制造的关键。圆形型腔可采用钻、铰、车、铣结合磨削加工而成。简单的非圆形通孔一般采用铣削加工，复杂形状的型腔直通孔则采用线切割加工。型腔上的脱模斜度采用铣削加工。型腔上的侧壁斜度较大时，则采用斜位安装后（包括刀具斜位）铣削或线切割而成。复杂形状不通孔可采用粗铣后再用电火花加工。简单形状的不通孔则粗铣型腔后精铣再辅之于人工修锉方法加工。

1. 型芯的加工示范

圆形型芯一般采用车削和磨削相结合的方法加工而成。较大截面的圆形型芯有时也采用车削、磨削结合，或线切割加工制作，最后再采用螺钉、销钉紧固的装配方法。非圆形直通式型芯可以采用磨削也可采用线切割加工，对非圆形台肩式型芯可用万能工具铣进行粗加工，有条件的可用数显或数控机床加工，再用工具磨或成形磨进行精加工，无法磨削的加工面可用人工修锉和抛光法加工。有些不通孔或不通槽可采用电火花加工。必要时还可采用镶拼结构。有时一个型芯需要通过几种不同的机床分别加工而成，并且还得辅之以手工修锉和抛光才能完成。总的来说，型芯加工既要达到图样的要求，又要结合实训基地的现有设备，尽量避免或尽少采用外协加工，以节约加工费用，降低模具制作成本。

衬套注射模型芯1如图4-9所示，数量为2件，其毛坯尺寸为 $\phi22\times147$。具体加工方法如下。

（1）下料。将 $\phi22$ 的圆棒料放在锯床的虎钳中。棒料伸出锯条外端147 mm后夹紧。再开动锯床，锯下备用的毛坯。

（2）车。

①车顶尖孔。将棒料夹在车床的三爪自定心卡盘中，伸出三爪自定心卡盘约10 mm后夹紧。先用外圆车刀将端面车平，再用中心钻钻出顶尖孔。车完后松开工件即可。

②车型芯。将毛坯件放入三爪自定心卡盘中，毛坯料头伸进卡盘端面约5 mm后夹紧，头部用顶尖顶紧。

a. 车 $\phi20$ 的外圆，保证长度139。

b. 车 $\phi15.26_{-0.018}^{0}$ 至 $\phi15.7$，保证长度132.5，头部用 $R2$ 外圆车刀车 $R2$，台阶处倒角 $C1$。

c. 松开后调头，夹 $\phi15.7$，用切断刀切断，用45°外圆车刀车端面并倒角 $C1$，保证挂台5。

（3）热处理，淬火、回火至硬度值为50～55 HRC。

（4）磨。在外圆磨床的左端用三爪自定心卡盘夹紧 $\phi20$ 的外圆，右端用顶尖顶紧，开动砂轮，磨削 $\phi15.26_{-0.018}^{0}$ 到尺寸，达到表面粗糙度要求。

（5）检验后转钳工处待装。

2. 推管的加工示范

衬套注射模推管2如图4-12所示，数量为2件。其毛坯尺寸为 $\phi28\times95$。具体加工方法如下。

（1）下料。将 $\phi28$ 的圆棒料放在锯床的虎钳中，棒料伸出锯条外端95 mm后夹紧工件，再开动锯床，锯下备用的毛坯。

（2）车。内孔 $\phi15.26_{0}^{+0.018}$ 处钻铰线切割穿丝孔 $\phi4$，头部45 mm部分外圆直径留磨量0.5 mm，长度留磨量0.5 mm，其余按图样加工。

（3）淬火、回火至硬度值为50～55 HRC，不得脱皮，不得变形。

（4）退磁。

（5）线切割，校穿丝孔，割内孔 $\phi 15.26^{+0.018}_{0}$，直径留研磨量 0.01 mm。

（6）回火。

（7）穿心轴磨外圆 $\phi 18.95$，心轴与内孔滑配，保证推管外圆 $\phi 18.95$ 与动模镶件滑配。

（8）磨配长度。

（9）检验后转钳工处研光内孔，保证型芯与孔滑配，待装。

3. 定模镶件的加工示范

衬套注射模定模镶件如图 4-2 所示，数量为 1 件。其加工工艺路线如下。

（1）下料，$\phi 60 \times 108$。

（2）锻打，保证毛坯尺寸为 $102 \times 95 \times 30$。

（注：锻打毛坯尺寸和棒料下料尺寸计算前面已述，此处从略。）

（3）退火。

（4）刨六面，对角尺，保证尺寸为 $92.5 \times 86 \times 26$。

具体刨削过程参见 3.3.1。

（5）磨六面，对角尺，保证尺寸为 $92 \times 85.4 \times 25.4$。

具体磨削过程亦参见 3.3.1。

（6）铣挂台，保证 5，将尺寸 85 精铣至 85.5，注意与 92 对称；铣 $4 \times R10$；用成型钻头钻小端直径为 $\phi 5$、大端直径为 $\phi 6$ 的主流道孔；点各孔中心。

（7）钳工，在钻床上用 $\phi 4$ 的钻头钻 $2 \times \phi 15.08^{+0.018}_{0}$ 及 $2 \times \phi 15.26^{+0.018}_{0}$ 孔的线切割穿丝孔 $\phi 4$。

（8）淬火、回火至硬度值为 $50 \sim 55$ HRC。

（9）磨六面，对角尺。保证尺寸 $85^{+0.035}_{+0.013} \times 85^{+0.035}_{+0.013} \times (25 \pm 0.02)$。

（10）退磁。

（11）线切割，割 $2 \times \phi 15.08^{+0.018}_{0}$ 及 $2 \times \phi 15.26^{+0.018}_{0}$，直径留研磨量 0.01 mm，按如图 4-2 所示的图样编程切割，保证各相关尺寸及要求。

（12）检验后转钳工处研光各孔至要求，保证型芯与孔滑配，待装。

4. 动模固定板的加工示范

动模固定板如图 4-6 所示，数量为 1 件。其加工工艺路线如下。

（1）下料。

（2）锻打，保证毛坯尺寸为 $205 \times 195 \times 35$。

（3）正火。

（4）刨六面，对角尺，保证尺寸为 $195.5 \times 185.5 \times 30.5$。

（5）磨上下两面，保证平行度要求，厚度至 30.2。

（6）精铣一端面、一侧面，对角尺，保证尺寸为 195×185×30.2。

（7）钳工。

①划 $4×\phi 24^{+0.021}_{0}$ 导柱孔、$4×\phi 10^{+0.022}_{0}$ 复位杆孔中心线；将中间 $85^{+0.035}_{0}×85^{+0.035}_{0}$ 方孔缩小至 78×78 后划 78×78 方框线，78×78 方框线上再划线，间距 8.5～9.5 均布（划线方法参见 3.3.1）。

②各孔中心及 78×78 方框线交点打样冲眼。

③钻、铰 $4×\phi 10^{+0.022}_{0}$ 复位杆孔。

④钻、扩 $4×\phi 24^{+0.021}_{0}$ 导柱孔预孔至 $\phi 23$，留镗量单边 0.5 mm（先用小钻头再用 $\phi 23$ 钻头扩孔）。

⑤钻排孔去除中间 $85^{+0.035}_{0}×85^{+0.035}_{0}$ 方孔废料。

（8）校外形基准面，精铣中间方孔 $85^{+0.035}_{0}×85^{+0.035}_{0}$ 及方孔挂台 92.5，达到图样尺寸要求。

（9）校外形及中间方孔，镗 $4×\phi 24^{+0.021}_{0}$ 导柱孔，达到图样尺寸要求。

（10）钻 $\phi 8$ 水道孔，195 深孔两头对钻，铣 $4×\phi 31$ 挂台深 5，铣导柱排屑槽。

（11）钻水嘴螺纹 M14×1.5（2 处）的底孔 $\phi 12.5$ 及堵塞孔螺纹 M10 的底孔 $\phi 8.5$ 并攻螺纹；钻 4×M10 的底孔 $\phi 8.5$ 深 25 并攻螺纹。

（12）检验后转钳工处待装。

动模固定板和定模固定板也可组合在一起加工，用平行夹或螺钉将动模、定模固定板紧固后一起镗导柱、导套孔以及精铣中间方孔。

其他零件可以参照以上几种典型零件加工，在此从略。

4.5 塑料模具的装配

塑料模具主要包括注射模具、压缩模具、压注模具、吹塑模具及挤出成型机头等。它们的装配与冷冲模的装配有很多相同之处，但塑料模具是在高温、高压和粘流状态下成型塑料制件的。所以，各相互配合零件之间的配合要求更为严格。这样模具的装配工作就更为重要。

4.5.1 塑料模具装配技术要求

塑料模具装配的技术要求，概括起来有以下几个方面。

1. 模具外观装配技术要求

(1) 模具非工作部分的棱边应倒角。

(2) 装配后的闭合高度、安装部件的配合尺寸、顶出形式、开模距离等均应符合设计要求及使用设备的技术条件。

(3) 组成模具的各零件应符合 GB/T 4169.1～4169.23—2006 和 GB/T 4170—2006 的规定。

(4) 模具装配后分型面要配合严密，符合 GB/T 12556—2006 的规定。

(5) 大中型模具应具有起重吊钩、吊环，以便模具安装使用。

(6) 装配完成后的模具应刻上动模和定模方向记号、编号及图号等。

2. 成型零件及浇注系统的装配技术要求

(1) 成型零件的尺寸精度应符合设计要求。

(2) 成型零件及浇注系统的表面应光洁，无死角、塌坑、划伤等缺陷。

(3) 型腔分型面、流道、浇口等部位，应保持锐边，不得修整为圆角。

(4) 互相接触的型芯与型腔、挤压环、柱塞和加料室之间应有适当间隙或适当的承压面积，以防在合模时零件互相直接挤压造成损伤。

(5) 成型有腐蚀性的塑料时，对成型表面应镀铬、抛光，以防腐蚀。

(6) 装配后，相互配合的成型零件相对位置精度应达到设计要求，以保证成型制件形状、尺寸精度。

(7) 拼块、镶嵌式的型腔或型芯，应保证拼接面配合严密、牢固，表面光洁，无明显接缝。

3. 活动零件的装配技术要求

(1) 各滑动零件的配合间隙要适当，起止位置定位要准确可靠。

(2) 活动零件导向部位运动要平稳、灵活，相互协调一致，不得有卡紧及阻滞现象。

4. 锁紧及紧固零件的装配技术要求

(1) 锁紧零件要锁紧有力、准确、可靠。

(2) 紧固零件要紧固有力，不得松动。

(3) 定位零件要配合松紧合适，不得有松动现象。

5. 推出机构装配技术要求

(1) 各推出零件动作协调一致、平稳，无卡阻现象。

(2) 有足够的强度和刚度，良好的稳定性，工作时受力均匀。

(3) 开模时应保证制件和浇注系统的顺利脱模及取出，合模时应准确退回原始位置。

6. 导向机构的装配技术要求

（1）导柱、导套装配后，应垂直于模板平面，滑动灵活、平稳，无卡阻现象。

（2）导向精度要达到设计要求，对动、定模具有良好导向、定位作用。

（3）斜导柱应有足够的强度、刚度及耐磨性，与滑块的配合适当，导向正确。

（4）滑块和导滑槽配合松紧适度，动作灵活，无卡阻现象。

7. 加热和冷却系统的装配技术要求

（1）冷却装置要安装牢固、密封可靠，不得有渗漏现象。

（2）加热装置安装后要保证绝缘，不得有漏电现象。

（3）各控制装置安装后，动作要准确、灵活，转换及时，协调一致。

4.5.2 塑料模具的装配

1. 塑料模具组件的常用装配方法

塑料模装配时一般采用两种装配标准：第一种，以塑料模中的主要工作零件，如型芯、型腔、镶块等作为装配基准件，模具其他零件都依据基准件装配；第二种，带有导柱、导套的模具，以导柱、导套为基准进行装配。

塑料模具装配时，一般是先按图样复检各模具零件，再将相互配合的零件装配成组件（或部件），最后将这些组件（或部件）进行总装，总装完成后进行试模工作。

对各组件（或部件）的装配可以分成以下几部分。

（1）型芯的装配。塑料模具的种类较多，模具的结构各不相同，型芯和固定板的装配方式也不一样。常见的装配方式有如下几种。

①小型芯的装配。如图 4-31 所示为小型芯的装配方式。如图 4-31（a）所示装配方式的装配过程为：将型芯压入固定板。在压入过程中，要注意校正型芯的垂直度，防止型芯切坏孔壁以及使固定板产生形变。压入后要在磨床上用导磁等高垫铁支撑磨平底面。

如图 4-31（b）所示装配方式，常用于热固性塑料压模。它是采用配合螺纹进行连接装配。装配时将型芯拧紧后，用骑缝螺钉定位，这种装配方式，对某些有方向性要求的型芯会造成螺纹拧紧后，型芯的实际位置与理想位置之间出现误差，如图 4-32 所示。α 是理想位置与实际位置之间的夹角。型芯的位置误差可以通过修磨固定板 a 面或型芯 b 面进行消除。修磨前要进行预装测出 α 角度大小。a 或 b 的修磨量 Δ 按下式计算：

$$\Delta = \frac{P}{360°}\alpha$$

式中　α——误差角度，（°）；

　　　P——连接螺纹螺距，mm。

如图 4-31（c）所示为螺母紧固装配方式，型芯连接段采用 H7/k6 或 H7/m6 配合与固定板孔定位，两者的连接采用螺母紧固。当型芯位置固定后，用骑缝螺钉定位。这种装配方式适合固定外形为任何形状的型芯及多个型芯的同时固定。

如图 4-31（d）所示为螺钉紧固装配。它是型芯和固定板采用 H7/k6 或 H7/m6 配合，将型芯压入固定板，经校正合格后用螺钉紧固。在压入过程中，应对型芯压入端的棱边修磨成小圆弧，以免切坏固定板孔壁而失去精度。

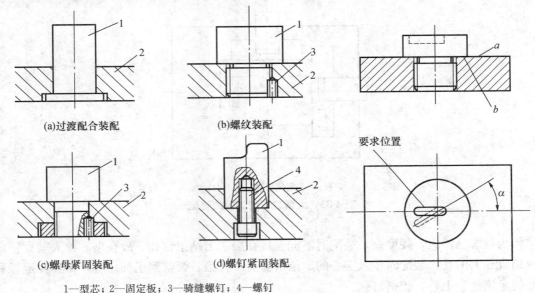

(a)过渡配合装配　　　　　(b)螺纹装配

(c)螺母紧固装配　　　　(d)螺钉紧固装配

1—型芯；2—固定板；3—骑缝螺钉；4—螺钉

图 4-31　小型芯的装配方式

要求位置

图 4-32　型芯位置误差

②大型芯的装配。大型芯与固定板装配时，为了便于调整型芯和型腔的相对位置，减少机械加工工作量，对面积较大而高度低的型芯一般采用如图 4-33 所示的装配方式，其装配顺序如下。

a. 在已加工成形的型芯上压入实心定位销套。

b. 用定位块和平行夹头固定好型芯在固定板上的相对位置。

c. 用划线或涂红丹粉的方式确定型芯螺纹孔位置。然后在固定板上钻螺钉过孔及沉孔，用螺钉初步固定。

d. 通过导柱、导套将推件板、型芯和固定板装合在一起，将型芯调整到正确位置后，拧紧固定螺钉。

e. 在固定板背面划出定位销孔位置，钻、铰销钉孔，并装入定位销定位。

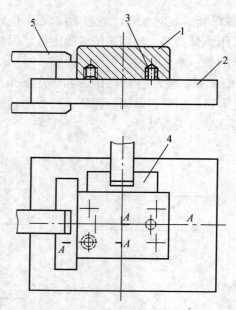

1—型芯；2—固定板；3—定位销套；4—定位块；5—平行夹头

图 4-33　大型芯与固定板的装配

　　因为型芯已淬火，硬度高，装配时不能直接在型芯上钻销钉孔，故在型芯淬火前先钻比定位销直径大的孔，装配时压入实心的定位销套后，将型芯调整到正确位置，再在固定板和实心的定位销套上钻、铰销钉孔。

　　(2) 型腔的装配及修磨。

　　①型腔的装配。塑料模具的型腔，一般多采用镶嵌式或拼块式。在装配后要求动、定模板的分型面接合紧密、无缝隙，而且同模板平面一致。装配型腔时一般采取以下措施。

　　a. 型腔压入端不设压入斜度。一般将压入斜度设在模板孔上。

　　b. 对有方向性要求的型腔，为了保证其位置要求，一般先压入一小部分后，借助型腔的直线部分用百分表校正位置是否正确，经校正合格后，再压入模板。为了装配方便，可采用型腔与模板之间保持 0.01～0.02 mm 的配合间隙。型腔装配后，找正位置用定位销固定，如图 4-34 所示。最后在平面磨床上将两端面和模板一起磨平。

　　c. 对拼块型腔的装配，一般拼块的拼合面在热处理后要进行磨削加工。保证拼合后紧密无缝隙。拼块两端留余量，装配后同模板一起在平面磨床上磨平，如图 4-35 所示。

　　d. 对工作表面不能在热处理前加工到尺寸的型腔，如果热处理后硬度不高 (如调质处理)，可在装配后应用切削方法加工到要求的尺寸。如果热处理后硬度较高，只有在装配后采用电火花机床、坐标磨床对型腔进行精修达到精度要求。无论采用哪种方法对型腔两面都要留有余量。装配后同模板一起在平面磨床上磨平。

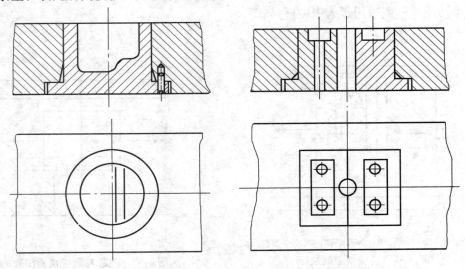

图 4-34　整体镶嵌式型腔的装配　　　图 4-35　拼块式结构的型腔

e. 拼块型腔在装配压入过程中，为防止拼块在压入方向上相互错位，可在压入端垫一块平垫板。通过平垫板将各拼块一起压入模内，如图 4-36 所示。

②型腔的修磨。塑料模具装配后，有的型芯和型腔的表面或动、定模的型芯，在合模状态下要求紧密接触。为了达到这一要求，一般采用装配后修磨型芯端面或型腔端面的修配法进行修磨。

如图 4-37 所示，型芯端面或型腔端面出现了间隙 △，可以用以下方法进行修磨，消除间隙 △。

a. 修磨固定板平面 A。拆去型芯将固定板磨去等于间隙 △ 的厚度。

b. 将型腔上平面 B 磨去等于间隙 △ 的厚度。此法不用拆去型芯，较方便。

c. 修磨型芯台肩 C。拆去型芯将 C 面磨去等于间隙 △ 的厚度。但重新装配后需将固定板底面与型芯一起磨平。

如图 4-38 所示，装配后型腔端面与型芯固定板之间出现了间隙 △。为了消除间隙 △ 可采用以下修配方法。

a. 磨型芯工作面 A，如图 4-38（a）所示。此方法不适用于工作面 A 不是平面的型芯（修磨复杂）。

b. 在型芯定位台肩和固定板孔底部垫入厚度等于间隙 △ 的垫片，如图 4-38（b）所示。

然后再一起磨平固定板和型芯支承面，此法只适用于小型模具。

c. 在型芯上面与固定板平面间增加垫板，如图 4-38（c）所示。但对于垫板厚度小于 2 mm 时不适用，一般适用于大中型模具。

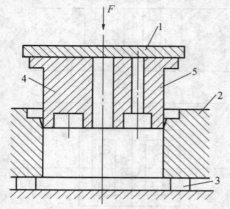

1—平垫板；2—模板；3—等高垫铁；4、5—型腔拼块

图 4-36　拼块型腔的装配

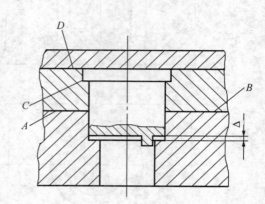

图 4-37　型芯与型腔端面间隙的消除

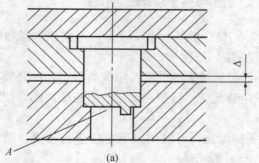

(a)

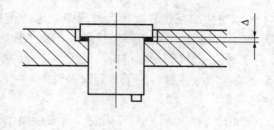

(b)

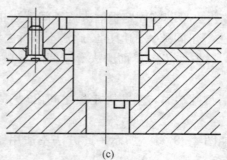

(c)

图 4-38　型腔板与固定板间隙的消除

（3）侧抽芯机构的装配。侧抽芯机构的作用是在模具的开模过程中，侧型芯滑块在斜导柱的作用下将连接在滑块上的侧型芯从制件中先行抽出，再通过推出机构推出制件。装配中的主要工作是侧向型芯的装配、锁紧位置的装配和滑块的定位。

①侧向型芯的装配。一般是在滑块和导滑槽、型腔和固定板装配后，再装配滑块上的侧向型芯。侧抽芯机构中型芯的装配一般采用以下方式。

a. 根据型腔侧向孔的中心位置测量出尺寸 a 和尺寸 b，在滑块上划线，加工型芯装配孔，并装配型芯，保证型芯和型腔侧向孔的位置精度，如图 4-39 所示。

b. 以型腔侧向孔为基准，利用压印工具对滑块端面压印，如图 4-40 所示。然后，以压印为基准加工型芯配合孔后再装入型芯，保证型芯和型腔侧向孔的配合精度。

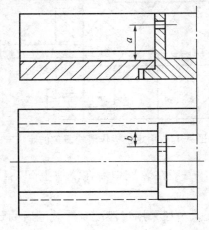

图 4-39　侧向型芯的装配

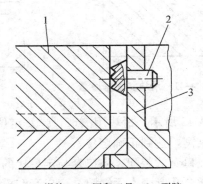

1—滑块；2—压印工具；3—型腔

图 4-40　滑块压印

c. 对非圆型芯可采用在滑块上先装配留有加工余量的型芯，然后对型腔侧向孔进行压印、修磨型芯，保证配合精度。同理，在型腔侧向孔处的硬度不高，可以修磨加工的情况下，也可在型腔侧向孔留修磨余量，以型芯对型腔侧向孔压印，修磨型腔侧向孔，达到配合要求。

②锁紧位置的装配。在滑块型芯和型腔侧向孔修配密合后，便可确定锁紧块的位置。锁紧块的斜面和滑块的斜面必须均匀接触。由于零件加工和装配中存在误差，所以装配中需进行修磨。为了修磨的方便，一般是对滑块的斜面进行修磨。

模具闭合后，为保证锁紧块和滑块之间有一定的锁紧力，一般要求装配后锁紧块和滑块斜面接触后，在分模面之间留有 0.2 mm 的间隙，如图 4-41 所示。滑块斜面修磨量可用下式计算：

$$b=（a-0.2）\sin \alpha$$

式中　　b——滑块斜面修磨量，mm；

　　　　a——闭模后测得的实际间隙，mm；

　　　　α——锁紧块斜面角度，(°)。

③滑块的定位。模具开模后，滑块在斜导柱作用下侧向抽出。为了保证合模时斜导柱能正确地进入滑块的斜导向孔，必须对滑块设置定位装置，如图 4-42 所示，用定位板作滑块的定位。滑块定位的正确位置可以通过修磨定位板的接触平面进行调整。

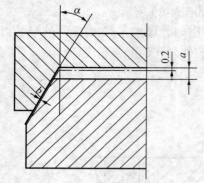

图 4-41　滑块斜面修磨量

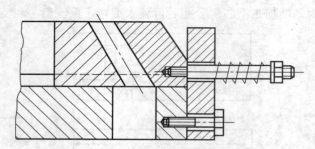

图 4-42　用定位板作滑块复位的定位

如图 4-43 所示，滑块用滚珠、弹簧定位时，一般在装配中需在滑块上配钻位置正确的**滚珠定位锥窝**，达到正确定位。

（4）浇口套的装配。浇口套与定模板的装配，一般采用过渡配合。装配后的要求为浇口套与模板配合孔紧密、无缝隙。浇口套和模板孔的定位台肩应紧密贴实。装配后浇口套要高出模板平面 0.02 mm，如图 4-44 所示。为了达到以上装配要求，浇口套的压入外表面不允许设置导入斜度。因而压入端要磨成小圆角，以免压入时切坏模板孔壁。同时，压入的轴向尺寸应留有去除圆角的修磨余量 H。

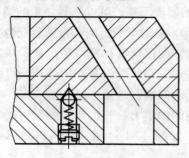

图 4-43　用滚珠作滑块复位的定位

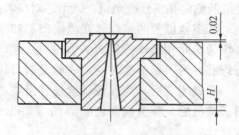

图 4-44　装配后的浇口套

在装配时，将浇口套压入模板配合孔，使预留余量 H 突出模板之外。在平面磨床上磨平，如图 4-45 所示。最后将磨平的浇口套稍稍退出。再将模板磨去 0.02 mm，重新压入浇口套，如图 4-46 所示。对于台肩和定模座板高出的 0.02 mm，可由零件的加工精度保证。

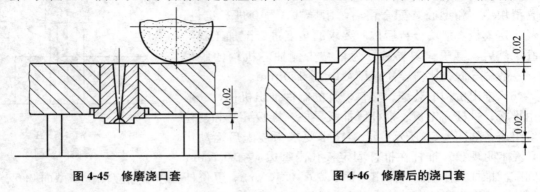

图 4-45　修磨浇口套　　　　　　　　　　图 4-46　修磨后的浇口套

（5）导柱、导套的装配。导柱、导套是模具合模和开模的导向装置，它们分别安装在塑料模具的动、定模部分。装配后，要求导柱、导套垂直于模板平面，并要达到设计要求的配合精度和良好的导向定位作用。一般采用压入式装配到模板的导柱、导套孔内。

对于较短导柱可采用如图 4-47 所示方式压入模板，较长导柱应在模板装配导套后，以导套导向压入模板孔内，如图 4-48 所示。导套压入模板可采用如图 4-49 所示方法。

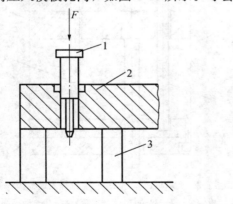

1—导柱；2—模板；3—等高垫铁

图 4-47　短导柱的装配

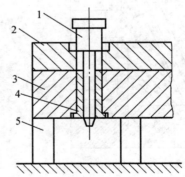

1—导柱；2、3—固定板；4—导套；5—等高垫铁

图 4-48　长导柱的装配

导柱、导套装配后，应保证模具在开模及合模时滑动灵活，无卡阻现象。如果运动不灵活，有阻滞现象，可用红丹粉涂于导柱表面，往复拉动观察阻滞部位、分析原因后，进行重新装配。装配时，应先装配距离最远的两根导柱，合格后再装配其余两根导柱。每装入一根

导柱都要进行上述的观察，合格后再装下一根导柱，这样便于分析、判断不合格的原因和及时修正。

对于侧抽芯机构中的斜导柱装配，如图 4-50 所示，一般是在滑块型芯和型腔装配合格后，用导柱、导套进行定位，将动、定模板、滑块合装后按所要求的角度进行配加工斜导向孔。然后，再压入斜导柱。为了减少侧抽芯机构的脱模力，一般斜导向孔比斜导柱直径大 0.5～1.0 mm。

（6）推出机构的装配。塑料模具的制件推出机构，一般是由推板、推杆固定板、推杆、推板导柱、推板导套和复位杆等组成，如图 4-51 所示。装配技术要求为装配后运动灵活，无卡阻现象。推杆在推杆固定板孔内每边应有 0.5 mm

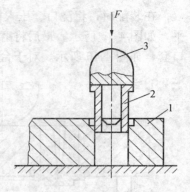

1—模板；2—导套；3—压块

图 4-49　导套的装配

的间隙。推杆工作端面应高出型面 0.05～0.10 mm。复位杆工作端面应低于分型面 0.05～0.10 mm。完成制件推出后，应能在合模时自动退回原始位置。

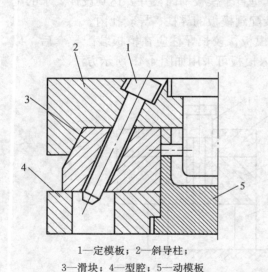

1—定模板；2—斜导柱；
3—滑块；4—型腔；5—动模板

图 4-50　斜导柱的装配

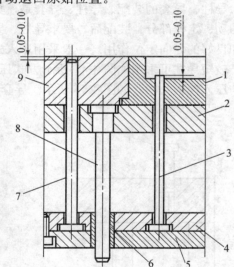

1—型腔；2—支承板；3—推杆；4—推杆固定板；5—推板；
6—推板导套；7—复位杆；8—推板导柱；9—动模固定板

图 4-51　推出机构

推出机构的装配顺序如下。

a. 先将推板导柱 10 垂直压入支承板 2 并将端面与支承板一起磨平。

b. 将装有推板导套 6 的推杆固定板 4 套装在推板导柱 8 上，并将推杆 3、复位杆 9 穿入推杆固定板 4、支承板 2、动模固定板 9 和型腔 1 的配合孔中，盖上推板 5 后用螺钉拧紧，并调整使其运动灵活。

　　c. 修磨推杆和复位杆的长度。一般将推杆和复位杆加工得稍长一些，并且复位杆顶端是可以倒角的，在总装时将多余部分磨去。

2. 塑料模具的总装方法

　　塑料模具在完成组件装配并检验合格后，即可进行模具的总装。如图 4-52 所示热塑性塑料注射模具，在依照前述将导柱、导套、型芯、浇口套、推板导柱、推板导套等的组件装配并检验合格后，便可进行总装配工作。

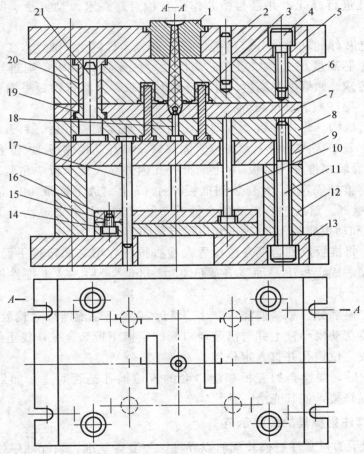

1—浇口套；2—定位销；3—型芯；4—内六角螺钉；5—定模座板；6—型腔板；
7—推件板；8—型芯固定板；9—支承板；10—推杆；11—内六角螺钉；12—垫块；13—动模座板；14—推板；
15—螺钉；16—推杆固定板；17—推板导柱；18—拉料杆；19—推件板导套；20—导套；21—导柱

图 4-52　热塑性塑料注射模具

（1）装配动模部分。

①装配型芯固定板、支承板、垫块和动模座板。装配前，型芯 3、导柱 21、拉料杆 18、推板导柱 17 已分别压入型芯固定板 8 和支承板 9 并已检验合格。装配时，将型芯固定板 8 置于两块等高垫铁上，导柱向下，垫铁的高度应大于导柱和型芯的高度。将型芯固定板 8、支承板 9、垫块 12 和动模座板 13 按其工作位置合拢，找正并用螺钉拧紧固定。

②装配推件板。推件板 7 在总装前已压入推件板导套 19 并检验合格。总装前应对推件板 7 的型孔进行修光，并且与型芯作配合检查。要求滑动灵活、间隙均匀并达到配合要求。

翻转上述已装好的动模部分，将推件板 7 套装在导柱 21 和型芯 3 上，以推件板平面为基准测量型芯高度尺寸。如果型芯高度尺寸大于设计要求，则进行修磨或调整型芯，使其达到要求。如果型芯高度尺寸小于设计要求，需将推件板平面在平面磨床上磨去相应的厚度，保证型芯高度尺寸。

③装配推出机构。将推件板 7 和型芯 3 的相对高度调整好后，移开推件板 7，将动模部分导柱向下置于等高垫铁上，卸掉紧固螺钉，移开动模座板 13 和垫块 12。

将推杆 10 套装在推杆固定板 16 上的推杆孔内并穿入支承板 9 和型芯固定板 8 的推杆孔内，同时将推杆固定板 16 套装到推板导柱 17 上。放上推板 14，使其推杆固定板 16 重合，拧紧螺钉。然后进行滑动配合检验，经调整使其滑动灵活，无卡阻现象。重新装上垫块 12 和动模座板 13，找正并用螺钉紧固。

翻转动模，将推板放到合模复位位置，检查推杆在型芯固定板平面上露出的长度，将其修磨到和型芯固定板上平面平齐或低 0.02 mm。最后，装上推件板，完成动模部分的装配。

（2）装配定模部分。总装前浇口套 1、导套 20 都已装配结束并检验合格。装配时，将型腔板 6 套装在动模导柱上并与已装浇口套的定模座板 5 合拢，找正位置，用螺钉紧固。最后钻、铰定位销孔并打入定位销。

经以上装配后，要检查型腔板和浇口套的流道锥孔是否对正。如果在接缝处有错位，需进行铰削修整，使其光滑一致。

3. 本例衬套注射模具的装配示范

如图 4-1 所示的衬套注射模装配时以导柱、导套为基准。装配顺序如下。

（1）按图复检各模具零件。

（2）定模固定板组件安装。将定模镶件 5 和 4 个导套 1 压入定模固定板 10 中，压入过程中需不断校验垂直度。压入后反面与定模固定板一起磨平。

（3）定模座板组件安装。将浇口套 7 压入定模座板 9 中，压入过程中需不断校验垂直度。压入后盖上定位圈 4，用 3 个 M6×12 螺钉紧固。反面与定模座板一起磨平。

（4）动模固定板组件安装。将动模镶件 8 和 4 个导柱 2 压入动模固定板 11 中，压入过程中需不断校验垂直度。并以固定板 10 上的导套导向，保证导柱导套滑动灵活，无卡滞现象。压入后反面与动模固定板一起磨平。

（5）型芯固定板组件安装。将型芯 19、22 插入型芯固定板 16 中，用导磁等高垫铁支承在平面磨床上将台阶面磨平。

（6）推管固定板组件安装。将拉料杆 6、复位杆 23、推管 20、21 插入推管固定板中，用导磁等高垫铁支承在平面磨床上将台阶面磨平。

将推板导套 25 压入推管固定板 14 和推板 15 中，压入过程中需不断校验垂直度。压入后用 4 个 M8×20 螺钉轻轻带上。

将推板导柱 3 压入支承板 12 中，压入过程中需不断校验垂直度。

（7）定模部分组装。将定模座板组件和定模固定板组件用平行夹夹紧，保证浇口套上的主流道与定模镶件上的主流道重合不错位，用 4 个 M10×25 螺钉紧固。特别注意浇口套上的主流道与定模镶件上的主流道不得错位。否则需重新松开螺钉调整或修整主流道。组装好后可用 2～4 个销钉将定模座板和定模固定板定位。

（8）动模部分组装。

①将动模固定板组件置于等高垫铁上，导柱向下，垫铁的高度应大于导柱和型芯的高度，和支承板 12 用平行夹夹紧。保证支承板上的过孔与动模固定板上的孔系重合不错位。

②在推管固定板 14 和支承板 12 之间垫入块规，利用推板导柱 3、推板导套 25 导向装入推管固定板组件，将 4 个 M8×20 螺钉拧紧，再装入型芯固定板组件。

③将动模固定板组件和支承板 12、垫块 13 及动模座板 17 用侧基准找正，并对准相对应孔位，用平行夹夹紧。

④检查复位杆工作端面与分型面的关系，测量推管至分型面的尺寸是否符合装配图 4-1 的要求，必要时应修配复位杆和推管，也可对垫块厚度和推板厚度进行修配。

⑤检测合格后，用 4 个 M10×130 螺钉将动模座板 17、垫块 13、支承板 12 和动模固定板 11 紧固。用 4 个 M8×30 螺钉将型芯固定板 16 紧固在动模座板上。注意保证推管推出机构运动灵活无卡滞现象。

（9）合拢定模和动模。

（10）装配完成后试模，送检入库。

4.5.3　注射模的安装与试模

模具总装结束后，正式交付使用之前，应根据模具大小、闭合厚度、注射压力、锁模力、取出塑件和浇注系统凝料所需开模距离等参数选择合适的注射机，进行试模调整。试模的目的是检查模具设计的合理性和模具制造的缺陷。在试模中查明的缺陷需要分析原因，进行调整或修理，直至模具工作正常，注射出合格零件。另外，试模也是对成型工艺参数进行探索。这对模具设计、制造和成型工艺水平的提高是非常重要的。

下面以海天液压-曲肘式卧式注射机（控制面板如图 4-53 所示）为例，说明热塑性塑料注射模具的安装和试模方法。

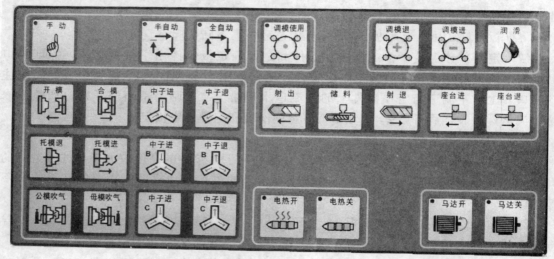

图 4-53　海天注射机控制面板

1. 塑料模的安装示范

塑料注射模具在安装到塑料注射成型机上之前，应按设计图样对模具进行检查，发现问题及时排除，减少安装过程的反复。将模具的固定部分和活动部分分开进行检查时，要注意模具上的方向记号，以免合模时混淆。

塑料模具的安装过程如下。

（1）根据模具外形尺寸及闭合厚度等参数选择合适的注射机。

（2）检查动模座板与定模座板有无安装螺栓过孔，无孔则用压板连接，并调整螺栓、压板等。

（3）调整注射机顶杆的位置，使之与模具动模座板上的顶杆过孔位置相符。

（4）设置开、合模参数，包括开、合模的位置、压力、速度等参数。保证在合模过程中，移动模板的动作是先中压快速，再低压慢速，最后高压锁紧；而在开模过程中，移动模板的动作是先低压慢速，再中压快速，最后低压慢速。在此需要说明的是，对于海天等厂家生产的全电脑控制注射机，上述开、合模参数在机床试机验收时，厂方技术人员已将其调整到合适的参数，一般情况下不需要再调整。

（5）按"手动"、"合模"键合模，使注射机的曲肘机构处于合模锁紧状态。

（6）按"手动"、"调模使用"键后，再按"调模退"或"调模进"键，调节注射机移动模板的距离，使其大于模具的闭合厚度 1～2 mm。

（7）开模。将模具装入注射机移动模板和固定模板之间，模具应尽量采用整体安装。吊装时要特别注意安全。当模具的定位圈装入注射机固定模板的定位孔后，以极慢的速度合模。

（8）按"手动"、"调模使用"键后，再按"调模进"键，调小注射机移动模板的距离，使模具刚好被注射机移动模板和固定模板压紧。

（9）用压板或螺栓将动模和定模分别固定在注射机移动模板和固定模板上。用压板固定时，装上压板后调节调整螺钉，使压板与模具的安装基面平行，并拧紧螺钉，如图 4-54 所示。压板的数量一般为 4～8 块，视模具大小选择。然后，拆去吊模具用吊钩。

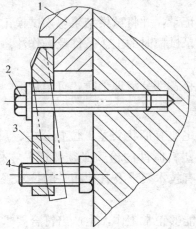

1—定（动）模座板；2—压紧螺钉；3—压板；4—调节螺钉

图 4-54 压板固定模具

（10）设置注射机的开模行程，使模板处于拿取塑件和浇注系统凝料方便的最佳位置。开模后，关闭注射机液压马达，连接侧抽芯液压缸进、出油管线；再开启注射机液压马达，按"手动"、"中子进"、"中子退"键，确认侧抽芯液压缸动作符合要求。设置和调节注射机顶杆的顶出行程，使顶杆能正常顶出塑件。

（11）合模。按"手动"、"调模使用"键后，再点"调模进"键，观察压力表读数，使之达到设定的锁模力。

2. 注射机的试模示范

注射机的试模步骤如下。

（1）检验塑料原料是否与要求相符，如需干燥处理应提前准备。

（2）根据注射成型工艺参数设置注射机料筒温度并加热。

（3）根据塑件重量或体积设置塑化参数。

（4）按"手动"、"储料"键进行预塑。为防止熔体流涎，必要时设置"射退"距离。

（5）合模。按"手动"、"座台进"键，使注射座前移到喷嘴与模具浇口套接触。

（6）调整好注射座行程开关的位置。

（7）根据注射成型工艺参数设置注射时间、保压时间、冷却时间，按"半自动"键，进行试生产操作。在试生产操作中应根据成型的塑件状况，适当调整相关参数，直到成型的制件达到最佳效果。

试模时，物料性质、制件尺寸、形状、结构导致工艺参数差异较大，需根据不同的情况仔细分析后，确定各参数。

在试模过程中要进行详细记录，并将试模结果填入试模记录卡，注明模具是否合格。如需返修，应提出修改建议，摘录试模时的工艺条件及操作注意要点，并提供注射成型的制件样品，以供参考。

对试模后合格的模具，应将各部分清理干净，打印标记，涂上防锈油后入库。

3. 试模常见问题及其调整

塑料制件的试模检验项目主要有形状公差、位置公差、尺寸公差、表面粗糙度、气孔、熔接痕、表面强度及飞边等。塑料制件的检验必须按产品零件图样上所标注的技术要求进行，合格的塑料制件应符合所有技术要求及其他相关的技术规范。本例产品的检验工序图如图4-55和图4-56所示。

试模的目的就是要使模具能够正常工作，生产出符合要求的塑料制件。若试模中模具工作不正常或塑压成型的塑料制件不合格时，要找出原因，调整或修理模具，使模具工作正常，试件合格。注射模试模中常见问题及解决方法见表4-5。

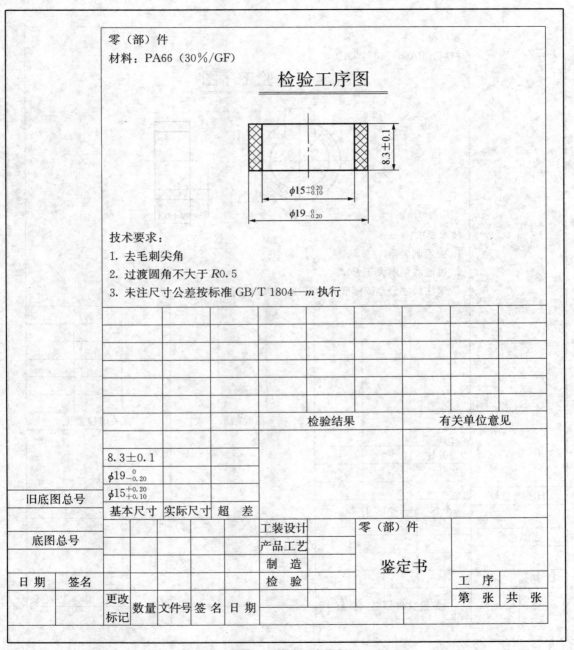

零（部）件
材料：PA66（30％/GF）

检验工序图

技术要求：
1. 去毛刺尖角
2. 过渡圆角不大于 $R0.5$
3. 未注尺寸公差按标准 GB/T 1804—m 执行

				检验结果		有关单位意见	
8.3 ± 0.1							
$\phi19_{-0.20}^{0}$							
$\phi15_{+0.10}^{+0.20}$							
基本尺寸	实际尺寸	超 差					

旧底图总号						
底图总号				工装设计	零（部）件	
				产品工艺		
				制 造	鉴定书	
日期	签名			检 验		工 序
		更改标记	数量 文件号 签 名 日期			第 张 共 张

图 4-55　检验工序图一

零（部）件

材料：PA66（30％/GF）

检验工序图

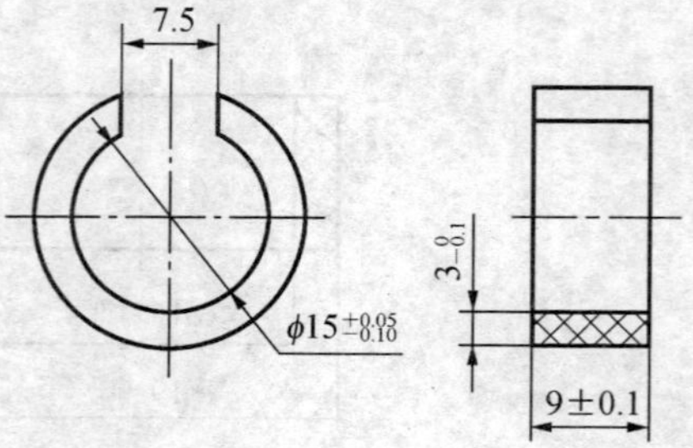

技术要求：

1. 去毛刺尖角

2. 过渡圆角不大于 $R0.5$

3. 未注尺寸公差按标准 GB/T 1804—m 执行

				检验结果			有关单位意见	
$3_{-0.10}^{0}$								
9 ± 0.1								
$\phi15_{-0.10}^{+0.05}$								
旧底图总号	7.5							
	基本尺寸	实际尺寸	超 差					
底图总号				工装设计	零（部）件			
				产品工艺				
				制 造	鉴定书			
日 期	签名			检 验			工 序	
		更改标记	数量 文件号 签 名 日 期				第 张 共 张	

图 4-56　检验工序图二

表 4-5　注射模试模中常见问题及解决方法

试模中常见问题	解决问题的方法及顺序
主流道粘模	1. 抛光主流道→2. 喷嘴与模具中心重合→3. 降低模具温度→4. 缩短注射时间→5. 增加冷却时间→6. 检查喷嘴加热圈→7. 抛光模具表面→8. 检查材料是否被污染
塑件脱模困难	1. 减小注射压力→2. 缩短注射时间→3. 增加冷却时间→4. 降低模具温度→5. 抛光模具表面→6. 增加脱模斜度→7. 减小镶块处间隙
尺寸稳定性差	1. 改变料筒温度→2. 增加注射时间→3. 增大注射压力→4. 改变螺杆背压→5. 提高模具温度→6. 降低模具温度→7. 调节供料量→8. 减小回料比例
表面波纹	1. 调节供料量→2. 提高模具温度→3. 增加注射时间→4. 增大注射压力→5. 提高料筒温度→6. 增大注射速度→7. 增大浇道与浇口的尺寸
塑件翘曲和变形	1. 降低模具温度→2. 降低料筒温度→3. 增加冷却时间→4. 降低注射速度→5. 减小注射压力→6. 增加螺杆背压→7. 缩短注射时间
塑件脱皮分层	1. 检查塑料种类和级别→2. 检查材料是否被污染→3. 提高模具温度→4. 物料干燥处理→5. 提高料筒温度→6. 降低注射速度→7. 缩短浇口长度→8. 减小注射压力→9. 改变浇口位置→10. 采用大孔喷嘴
银丝斑纹	1. 降低料筒温度→2. 物料干燥处理→3. 增大注射压力→4. 增大浇口尺寸→5. 检查塑料的种类和级别→6. 检查材料是否被污染
表面光泽差	1. 物料干燥处理→2. 检查材料是否被污染→3. 提高料筒温度→4. 增大注射压力→5. 提高模具温度→6. 抛光模具表面→7. 增大流道与浇口尺寸
凹痕	1. 调节供料量→2. 增大注射压力→3. 增加注射时间→4. 降低料筒温度→5. 降低模具温度→6. 增加排气孔→7. 增大流道与浇口尺寸→8. 缩短浇口长度→9. 改变浇口位置→10. 减小注射压力→11. 增大螺杆背压
气泡	1. 物料干燥处理→2. 降低料筒温度→3. 增大注射压力→4. 增加注射时间→5. 提高模具温度→6. 降低注射速度→7. 增大螺杆背压
塑料填充不足	1. 调节供料量→2. 增大注射压力→3. 增加冷却时间→4. 提高模具温度→5. 增大注射速度→6. 增加排气孔→7. 增大流道与浇口尺寸→8. 增加冷却时间→9. 缩短浇口长度→10. 增加注射时间→11. 检查喷嘴是否堵塞
塑件溢边	1. 减小注射压力→2. 增大锁模力→3. 降低注射速度→4. 降低料筒温度→5. 降低模具温度→6. 重新校正分型面→7. 降低螺杆背压→8. 检查塑件投影面积→9. 检查模板平直度→10. 模具分型面是否锁紧

（续表）

试模中常见问题	解决问题的方法及顺序
熔接痕	1. 提高模具温度→2. 提高料筒温度→3. 增大注射速度→4. 增大注射压力→5. 增加排气孔→6. 增大流道与浇口尺寸→7. 减少脱模剂用量→8. 减少浇口个数
塑件强度下降	1. 物料干燥处理→2. 降低料筒温度→3. 检查材料是否被污染→4. 提高模具温度→5. 降低螺杆转速→6. 降低螺杆背压→7. 增加排气孔→8. 改变浇口位置→9. 降低注射速度
裂纹	1. 提高模具温度→2. 缩短冷却时间→3. 提高料筒温度→4. 增加注射时间→5. 增大注射压力→6. 降低螺杆背压→7. 嵌件预热→8. 缩短注射时间
黑点及条纹	1. 降低料筒温度→2. 喷嘴重新对正→3. 降低螺杆转速→4. 降低螺杆背压→5. 采用大孔喷嘴→6. 增加排气孔→7. 增大流道与浇口尺寸→8. 减小注射压力→9. 改变浇口位置

4.6 塑料注射模标准模架及其应用

上面介绍的塑料模具的制作方式是，除标准件外，其余零件全部是自行备料生产。

为适应大规模批量生产塑料成型模具，提高模具精度，缩短模具制造周期和降低模具成本，塑料模具的标准化工作就显得十分重要。我国相继制定了塑料注射模的相关国家标准。GB/T 12554—2006 是塑料注射模技术条件的国家标准，GB/T 4170—2006 是塑料注射模零件技术条件的国家标准，GB/T 12555—2006 是塑料注射模模架的国家标准，GB/T 12556—2006 是塑料注射模模架技术条件的国家标准，GB/T 4169.1—2006～GB/T 4169.23—2006 是塑料注射模零件的国家标准。

4.6.1 注射模标准模架

模架是设计、制造塑料注射模的基础部件。我国于 2006 年修订了《塑料注射模模架》的国家标准。

注射模的基本结构有很多共同点，所以模具标准化的工作现在已经基本完成。目前，国内外已有很多标准化的注射模模架形式可提供给模具制造厂家选用，这为制造注射模提供了便利条件。

标准中规定，塑料注射模模架按其在模具中的应用方式，分为直浇口与点浇口两种形式。

　　直浇口模架基本型分为 A、B、C、D 共 4 个品种，如图 4-57 所示。直浇口基本型模架的组成、功能及用途见表 4-6。

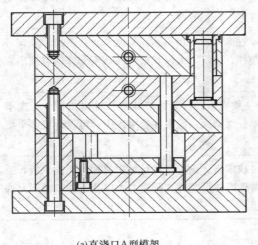

(a)直浇口A型模架

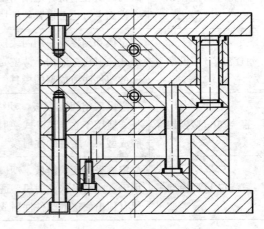

(b)直浇口B型模架

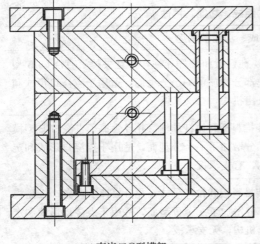

(c)直浇口C型模架

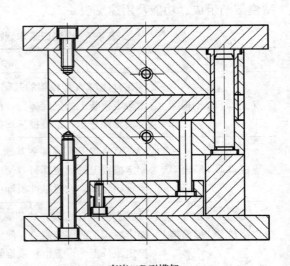

(d)直浇口D型模架

图 4-57　直浇口基本型模架

表4-6 直浇口基本型模架的组成、功能及用途

型 号	组成、功能及用途
直浇口 A 型模架	定模和动模均采用两块模板,设置推杆或推管推出机构,有支承板。适用于立式与卧式注射机,适用于多种浇口形式。采用斜导柱侧向抽芯时,其分型面可在合模面上,也可设置斜滑块垂直分型脱模机构的注射模
直浇口 B 型模架	定模和动模均采用两块模板,设置推件板推出机构,有支承板,适用于立式与卧式注射机,适用于薄壁壳体形塑件、脱模力大以及塑件表面不允许留有顶出痕迹的塑件注射成型的模具
直浇口 C 型模架	定模采用两块模板,动模采用一块模板,设置推杆或推管推出机构,无支承板。适用于立式与卧式注射机,单分面型面一般设在合模面上,可设计成多个型腔成型多个塑件的注射模
直浇口 D 型模架	定模采用两块模板,动模采用一块模板,设置推件板推出机构,无支承板,适用于立式与卧式注射机,适用于薄壁壳体形塑件、脱模力大以及塑件表面不允许留有顶出痕迹的塑件注射成型的模具

点浇口模架基本型分为 DA、DB、DC、DD 共 4 个品种,如图 4-58 所示。点浇口基本型模架的组成、功能及用途见表 4-7。

表4-7 点浇口基本型模架的组成、功能及用途

型号	组成、功能及用途
点浇口 DA 型模架	在直浇口 A 型模架的基础上加装推料板和拉杆导柱,并且去掉了直浇口 A 型模架定模板上的固定螺钉,使定模部分增加了一个分型面,适用于点浇口形式和定模定距分型,设置推杆或推管推出机构,有支承板
点浇口 DB 型模架	在直浇口 B 型模架的基础上加装推料板和拉杆导柱,并且去掉了直浇口 B 型模架定模板上的固定螺钉,使定模部分增加了一个分型面,适用于点浇口形式和定模定距分型,设置推件板推出机构,有支承板
点浇口 DC 型模架	在直浇口 C 型模架的基础上加装推料板和拉杆导柱,并且去掉了直浇口 A 型模架定模板上的固定螺钉,使定模部分增加了一个分型面,适用于点浇口形式和定模定距分型,设置推杆或推管推出机构,无支承板
点浇口 DD 型模架	在直浇口 D 型模架的基础上加装推料板和拉杆导柱,并且去掉了直浇口 B 型模架定模板上的固定螺钉,使定模部分增加了一个分型面和定模定距分型,适用于点浇口形式,设置推件板推出机构,无支承板

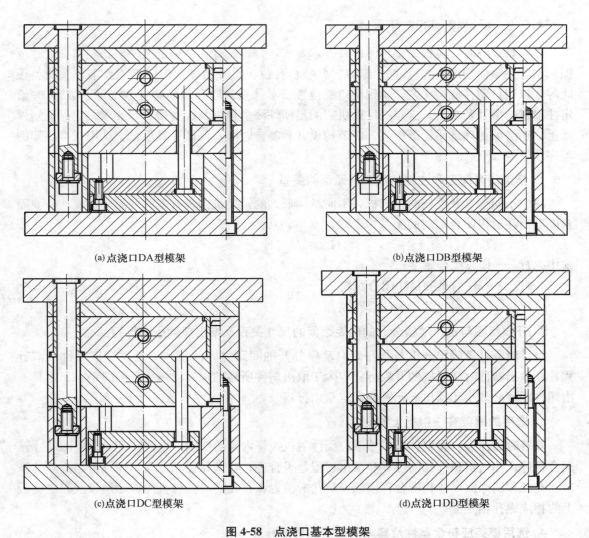

(a)点浇口DA型模架　　　　　　　　　(b)点浇口DB型模架

(c)点浇口DC型模架　　　　　　　　　(d)点浇口DD型模架

图 4-58　点浇口基本型模架

　　另外，标准中还规定，注射模模架按结构特征共分为 36 种主要结构。直浇口模架除了基本型外，还有直身基本型和直身无定模座板型；点浇口模架除了基本型外，还有直身点浇口基本型、点浇口无推料板型、直身点浇口无推料板型、简化点浇口模架等。并且模架中的导柱、导套可以有不同的安装形式。这些模具结构基本上涵盖了各种热塑性和热固性塑料注射模，所以本标准是一项具有很高技术、经济价值的先进技术标准。

4.6.2　标准模架的选用要点

在模具设计时，应根据塑件图样及技术要求，分析、计算、确定塑件形状类型、尺寸范围（型腔投影面积的周界尺寸）、壁厚、孔型及孔位、尺寸精度及表面性能要求以及材料性能等，以制订塑件成型工艺，确定浇口的位置、塑件重量以及每模塑件数（型腔数），并选定注射机的型号及规格。选定的注射机需满足塑件注射量以及成型压力等要求。为保证塑件质量，还必须正确选用标准模架，以节约设计和制造时间，保证模具质量。选用标准模架的程序及要点如下。

1. 模架闭合厚度和注射机的闭合距离的关系

对于不同型号及规格的注射机，不同结构形式的锁模机构具有不同的闭合距离。模架闭合厚度与注射机闭合距离的关系为：

$$H_{min} \leqslant H \leqslant H_{max}$$

式中　H——模具闭合厚度；

$\qquad H_{min}$——注射机的最小闭合距离；

$\qquad H_{max}$——注射机的最大闭合距离。

2. 开模行程与定、动模分开的间距之间的尺寸关系及推出塑件所需行程

设计时需计算确定开模行程与定、动模分开的间距之间的尺寸关系及推出塑件所需行程，在取出塑件时注射机的开模行程应大于取出塑件所需的定、动模分开的间距，而模具推出塑件距离必须小于顶出液压缸的额定顶出行程。

3. 选用的模架在注射机上的安装

安装时需注意：模架外形尺寸不应受注射机拉杆内距的影响；定位孔径与定位圈尺寸需配合良好；注射机顶杆孔的位置和顶出行程是否合适；喷嘴孔径和球面半径是否与模具的浇口套孔径和凹球面尺寸相配合；模架安装孔的位置和孔径要与注射机的移动模板及固定模板上的相应螺孔相匹配。

4. 选用模架应符合塑件及其成型工艺的技术要求

为保证塑件质量和模具的使用性能及可靠性，需对模架组合零件的力学性能，特别是它们的强度和刚度进行准确的校核及计算，以确定动、定模板及支承板的长、宽、厚度尺寸，从而正确地选定模架的规格。

4.6.3　标准模架选用实例

如图 4-59 所示为直浇口 A 型模架的选用实例，该设计为直接浇口斜导柱侧抽芯注射模；

如图 4-60 所示为点浇口无推料板 DBT 型模架的选用实例，该设计为点浇口弹簧分型拉板定距双分型面注射模。

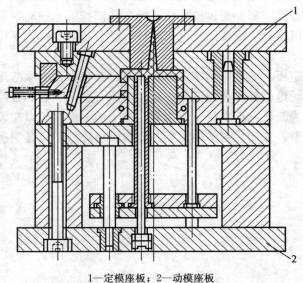

1—定模座板；2—动模座板

图 4-59　直浇口 A 型模架的选用实例

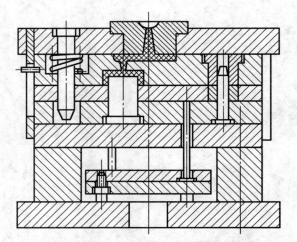

图 4-60　点浇口无推料板 DBT 型模架的选用实例

采用标准模架制作模具时，由于标准模架上已装配好模板、导向系统、推出机构的大部分（复位杆、推杆固定板、推板）及紧固件，我们的主要工作是加工浇注系统、成型零件、侧向分型与抽芯机构以及在推出机构上加装推杆等推出元件。

在制作过程中，在动、定模固定板上加工型芯、型腔、成型零件的安装孔、浇注系统、侧向分型与抽芯机构等时，需要通过校导柱、导套孔来找正。在动、定模固定板上加工成型零件的安装孔时，也可将动、定模固定板用导柱、导套定位，再用平行夹或螺钉紧固在一起加工。

支承板、推杆固定板上的推杆等零件的过孔通过钻窝引孔或涂红丹粉后再加工。

另外，模具制作场地如果有数控铣床、数控车床、加工中心等数控加工设备，则 4.1 节所述的加工工艺可大为简化，很多铣床、镗床、钳工的工作都可以在数控机床上一次加工完成，大大减少了工作量，从而提高了模具制作效率，也降低了模具制造成本。

第5章 模具钳工职业技能鉴定规范

本规范是针对模具钳工的特点和性质，参照职业技能鉴定的有关要求和劳动人事部、机械工业部 1995 年联合颁布《工人技术等级标准》中工具钳工的标准，根据模具钳工的特点制定的，它是在工人技术等级标准基础上进一步细化和量化的考核大纲，是进行技能鉴定的主要依据，也可作为技能培训的参考大纲。

本规范分为初、中、高三个等级，每个等级包括工种定义、适用范围、技术等级、应知、应会、鉴定要求、鉴定内容。附录 6 提供了初、中、高级模具钳工的考试样题和参考答案。

5.1 初级模具钳工

5.1.1 工种定义

使用钳工工具及机床，从事模具（冷冲模、塑料模、压铸模等）的制造、装配、调试和修理的操作人员。

5.1.2 适用范围

各种工具、夹具和模具的制造、装配、调试和修理。

5.1.3 技术等级

初级模具钳工。

5.1.4 应知

（1）常用设备的名称、规格、性能、结构、传动系统、润滑系统、使用规则及维护保养方法。

（2）常用工具、夹具、量具的名称、规格、性能、用途、使用规则及维护保养方法。

（3）常用刀具的种类、牌号、规格、性能和维护保养方法；刀具的几何参数对切削性能的影响；合理选择切削用量，提高刀具耐用度的方法。

（4）常用模具材料的种类、牌号、切削性能、力学性能和切削过程中的热膨胀知识；金属材料热处理常识；常用金属材料的"火花"鉴定方法。

（5）常用润滑剂的种类和用途；常用切削液的种类、用途及其对工件精度和表面粗糙度的影响。

（6）机械制图和极限配合的基本知识。

（7）常用的数学计算知识。

（8）螺纹的种类、用途及各部分尺寸的关系；攻螺纹时底孔直径和套螺纹时圆杆直径的确定方法。

（9）分度头的结构、传动原理和分度方法。

（10）模具和夹具零件加工、装配的基本知识。

（11）一般零件的加工工艺。

（12）确定零件加工余量的知识。

（13）刮削知识，刮削原始平板的原理和方法。

（14）研磨知识，磨料的种类及研磨剂的配制方法。

（15）了解各种模具加工的加工精度、加工范围和使用方法。

（16）弹簧的种类、用途，在模具装配中各种弹簧及橡胶弹顶器的使用要求。

（17）电气的一般常识和安全用电常识，机床电气装置的组成部分及其用途。

（18）安全技术规程。

5.1.5　应会

（1）正确使用和维护保养常用设备。

（2）正确使用和维护保养常用的各种工具、夹具、量具，根据零件的精度合理选用量具。

（3）各种刀具的刃磨，样冲、划针、划规的淬火及刃磨。

（4）模具常用材料的牌号、性能及应用。

（5）看懂零件图、模具装配图，绘制简单零件图。

（6）根据零件材料和刀具，选用合理的切削用量。

（7）一般模具零件的划线、钻孔、攻螺纹、铰孔，铰削表面的表面粗糙度值达到 MRR $Ra1.6\ \mu m$。

（8）研磨导套内孔与导柱的配合精度为 H7/h6，表面粗糙度值为 MRR $Ra0.4\ \mu m$。

（9）编制一般模具、夹具的加工工艺。

（10）制造、装配一般的模具、夹具。

（11）用正六方形凸模压印、修配凹模，表面粗糙度值为 MRR $Ra1.6\ \mu m$，双面间隙为 0.02 mm，平面度和垂直度均为 0.02 mm。

（12）在冲床上安装冷冲模（冲裁模和压弯模），合理调整闭合高度。

（13）正确执行安全技术操作规程。

（14）达到岗位责任制和文明生产的各项要求。

5.1.6　鉴定要求

1. 适用对象

使用钳工工具及机床，从事模具的制造、装配、调试和修理的操作人员。

2. 申报条件

（1）文化程度：技工学校毕业。

（2）现有技术等级证书（或者资格证书）的级别：学徒期满。

（3）本工种工作年限：3 年。

（4）身体状况：健康。

3. 考生与考评员的比例

（1）知识：20∶1。

（2）技能：5∶1。

4. 鉴定方法

（1）知识：笔试。

（2）技能：实际操作。

5. 考试要求

（1）知识要求：考试时间 60～100 min（闭卷）；满分 100 分，60 分为及格。

（2）技能要求：按实际需要确定时间；满分 100 分，60 分为及格；根据考试要求自备工具。

5.1.7　鉴定内容

项目	鉴定范围	鉴定内容	鉴定比重	备注
知识要求			100	
基本知识	1. 识图知识	1. 正投影法的基本原理； 2. 简单零件剖视图及断面图的表达方法； 3. 标准件与常用件的规定画法、代号及标注方法； 4. 简单装配图的识读知识； 5. 冷冲模零件的规定画法	4	
	2. 量具与技术要求方面的知识	1. 千分尺、游标卡尺、90°角尺、万能角度尺、游标高度尺、百分表等量具的结构及使用方法； 2. 常用量具的维护保养知识； 3. 极限与配合、形位公差和表面粗糙度的有关知识； 4. 冷冲模零件的极限与配合、形位公差的标注知识	3	
	3. 机械传动与液压传动的一般知识	1. 机械传动的基本知识； 2. 带传动、螺纹传动、链传动、齿轮传动的原理及特点； 3. 液压传动的基本知识	3	
	4. 金属切削和刀具、夹具的一般知识	1. 常用刀具的种类、牌号、规格和性能； 2. 刀具几何参数及其对切削性能的影响； 3. 常用夹具的名称、规格和用途	2	
	5. 电工常识	1. 自用设备电器的一般常识； 2. 安全用电常识	3	
	6. 金属材料与热处理的一般知识	1. 模具常用金属材料的种类、牌号、力学性能、切削性能和切削过程中的热膨胀知识； 2. 热处理有关知识	2	
	7. 数学计算	1. 简单数学计算，如斜度、V形槽、燕尾槽、分度等计算方法； 2. 弯曲件展开尺寸的计算； 3. 攻螺纹前螺纹底孔直径的计算	3	

（续表）

项目	鉴定范围	鉴定内容	鉴定比重	备注
专业 知识	1. 模具钳工 基本知识	1. 划线工具的种类及使用要点； 2. 划线涂料的种类、配制方法及应用场合； 3. 划线基准的选择及划线时的找正和借料的原则； 4. 平面划线和立体划线的方法； 5. 锯条的选用、锯削方法及锯削常见缺陷的分析和安全技术； 6. 錾子楔角和后角的选用，錾削方法及常见缺陷的分析和安全技术； 7. 锉刀的种类和选用，锉削方法常见缺陷的分析和安全技术； 8. 铆接种类和形式，铆钉直径和长度的确定，铆接方法及常见废品的分析； 9. 黏结剂的种类、用途和黏结方法； 10. 压力机的种类及闭合高度的调整方法； 11. 冲裁间隙的确定原则、冲裁间隙对冲裁件断面质量及尺寸精度的影响； 12. 导柱模架的精度； 13. 压弯模凸模圆角半径的确定方法； 14. 钻模钻套的研磨方法、圆孔直径的确定； 15. 矫正和弯曲的方法； 16. 弹簧的种类、用途、各部分尺寸和作用力的确定； 17. 钻头的种类、用途； 18. 麻花钻的结构、切削部分的几何参数和刃磨要点； 19. 钻孔时常用辅助工具及其用途，钻模钻孔的特点； 20. 扩孔钻和锪孔钻的结构及扩孔、锪孔的方法； 21. 钻孔方法，钻孔常见缺陷分析及安全技术； 22. 常用铰刀的种类、结构和用途，铰削余量的确定方法； 23. 铰孔方法，铰孔时产生废品的原因； 24. 螺纹的种类、用途及各部分尺寸关系，攻螺纹时底孔直径和套螺纹时圆杆直径的确定方法； 25. 丝锥、板牙的构造，攻螺纹、套螺纹的方法及产生废品的原因； 26. 刮刀的种类、刃磨方法，刮削时显示剂的选用； 27. 研磨原理及研磨方法、磨料的种类及研磨剂的配制方法，研磨常见缺陷产生的原因	35	

（续表）

项目	鉴定范围	鉴定内容	鉴定比重	备注
专业知识	2. 常用设备和工具的使用维护知识	1. 台虎钳的结构、使用及维护保养方法； 2. 分度头的种类、万能分度头的结构及使用方法； 3. 使用砂轮的注意事项； 4. 钻床的种类、规格、性能、用途和结构形式； 5. 钻床的使用及维护保养方法； 6. 剪板机的使用及维护保养方法； 7. 锯床的用途、安全使用及维护保养方法； 8. 电钻、电磨头的用途及使用安全技术	10	
	3. 装配基本知识	1. 模具装配的工艺规程； 2. 模具装配前零部件的准备； 3. 保证模具装配精度的各种方法； 4. 简单夹具的装配方法； 5. 冷冲模间隙的调整、检测方法	30	
相关知识	相关工种的一般知识	1. 起重设备的使用方法和安全操作规程，机械加工基本知识； 2. 模具制造常用机床的名称、规格、用途、加工精度及正确选用	5	
技能要求			100	
操作技能	基本操作技能	1. 在 100×80 的范围内锉削加工角度样板，公母合套，尺寸公差 0.04 mm，表面粗糙度值为 MRR Ra3.2 μm； 2. 锯削 ϕ40 圆钢，尺寸公差 0.8 mm； 3. 錾削 50×50 各种型面，尺寸公差 0.8 mm； 4. 根据工件材料不同，正确刃磨钻头，正确选择切削用量和切削液，加工各种通孔、不通孔、台阶孔及螺纹达到图样要求； 5. 在同一平面钻铰 2～3 个孔，尺寸公差等级 IT8，位置公差 ϕ0.2，表面粗糙度值为 MRR Ra1.6 μm； 6. 刮研 $750 \times 1\,000$ 平板或 350×250 弯板（90°角铁），精度 2 级； 7. 一般工件的平面划线和立体划线；	70	根据考试要求确定时间和相关条件，

(续表)

项目	鉴定范围	鉴定内容	鉴定比重	备注
操作技能	基本操作技能	8. 研磨剂的配制，研磨 100×100 平面，尺寸公差 0.08 mm，表面粗糙度值为 MRR Ra0.1 μm； 9. 用凸模压印锉配凹模，双面间隙 0.02 mm，表面粗糙度值为 MRR Ra1.6 μm； 10. 制造、装配简单的冲裁模、压弯模、橡胶模及其他各种模具； 11. 制造、装配简单的夹具； 12. 制造、装配具有两个导向孔的钻模，尺寸公差等级 IT6； 13. 在冲床上安装冲模和压弯模，正确调整闭合高度及卸料装置，试模零件合格； 14. 按技术要求正确检测冲压制件； 15. 刃磨各种刀具	70	能按要求按时完成者可得满分
工具设备的使用与维护	1. 工具的使用与维护	合理使用工具并做好保养工作	10	
	2. 设备的使用与维护	正确使用和保养常用设备、模具钳工专用设备	10	
安全及其他	安全文明生产	1. 正确执行安全技术操作规程； 2. 按企业有关的文明规定，做到工作场地整洁，工件、工具摆放整齐	10	

5.2 中级模具钳工

5.2.1 工种定义

使用钳工工具及机床，从事模具（冷冲模、塑料模、压铸模等）的制造、装配、调试和修理的操作人员。

5.2.2 适用范围

各种工具、夹具和模具的制造、装配、调试和修理。

5.2.3 技术等级

中级模具钳工。

5.2.4 应知

（1）常用精密量具、仪器的结构原理，使用调整和维护保养方法。

（2）冷冲模、塑料模设计的基础知识。绘制较复杂的零件图和简单部件装配图的基本方法。

（3）塑料模、压铸模复杂型芯型腔镶件的划线及加工方法。

（4）工件定位、夹紧的基本原理和方法，夹具设计的基础知识。

（5）模具、夹具的装配及各项精度的检查、试验方法。

（6）影响模具精度的因素，影响测量精度的因素。

（7）在冷冲模中，卸料板、推板、压料板、导板等所起的作用。

（8）编制模具、夹具加工工艺规程的基本方法。

（9）在冷冲模中，根据不同的冲压材料与厚度确定凸、凹模间隙的原则。

（10）使用低熔点合金或无机黏结剂固定凸模的方法。

（11）了解刻字所用的工具（包括刻字机）和刻字的基本操作方法。

（12）掌握模具加工通用机床的加工精度、加工范围和使用方法。

（13）平面磨床砂轮的拆装、平衡、校正及调整的方法。

（14）液压传动系统的基本原理、结构及故障产生的原因和排除方法。

（15）模具制造成本的估算方法。

（16）生产技术管理知识。

5.2.5 应会

（1）设计、绘制中等复杂程度的冷冲模、塑料模、压铸模等。

（2）根据模具、夹具的技术要求，编制加工工艺。

（3）钻复杂工件上的斜孔、对接孔、不通孔、深孔、相交孔、小孔，符合图样要求。

（4）制造、装配各种中等复杂程度的冷冲模、塑料模、压铸模和夹具。

（5）在冲床上熟练正确安装冷冲模，合理调整闭合高度，试模零件合格；在注射机上安装、调试塑料模，试模零件合格。

（6）正确检测零件，正确分析废品产生的原因和防止方法。

（7）按图样要求，手工雕刻凸、凹字，刻字整齐、清晰。

5.2.6　鉴定要求

1. 适用对象

使用钳工工具及机床，从事模具的制造、装配、调试和修理的操作人员。

2. 申报条件

(1) 文化程度：职业高中、中专毕业。

(2) 现有技术等级证书（或资格证书）的级别：初级模具钳工等级证书。

(3) 本工种的工作年限：5 年。

(4) 身体状况：健康。

3. 考生与考评员的比例

(1) 知识：20∶1。

(2) 技能：5∶1。

4. 鉴定方式

(1) 知识：笔试。

(2) 技能：实际操作。

5. 考试要求

(1) 知识要求：考试时间 60～120 min（闭卷）；满分 100 分，60 分为及格。

(2) 技能要求：按实际需要确定时间；满分 100 分，60 分为及格；根据考试要求自备工具。

5.2.7　鉴定内容

项目	鉴定范围	鉴定内容	鉴定比重	备注
知识要求			100	
基本知识	1. 机械制图知识	1. 几何作图和投影作图的方法； 2. 机件形状的表达方法； 3. 模具常用零件的规定画法； 4. 模具零件图的尺寸、形位公差、表面粗糙度等技术要求的标注方法； 5. 绘制一般零件图的方法； 6. 绘制模具装配图的方法	5	

（续表）

项目	鉴定范围	鉴定内容	鉴定比重	备注
基本知识	2. 金属切削原理与刀具知识	1. 刀具材料的基本要求及常用刀具材料的种类、代号（牌号）和用途； 2. 刀具工作部分的几何形状、刀具角度； 3. 金属切削过程； 4. 刀具的磨钝标准； 5. 影响刀具寿命的因素及提高刀具寿命的方法； 6. 模具加工用成形刀具的刃磨方法； 7. 刻字铣刀的刃磨方法； 8. 手工雕刻凸、凹字刻刀的刃磨方法； 9. 刀具刃磨的基本要求及一般刃磨方法； 10. 磨削的基本原理及砂轮的选择知识	10	
	3. 机械制造工艺基础知识与夹具知识	1. 机械加工精度的概念； 2. 工艺尺寸链的基本概念及简单尺寸链的计算方法； 3. 产生加工误差的原因及减少误差的方法； 4. 机床夹具的作用、分类及组成； 5. 工件六点定位原理及合理的定位方法； 6. 夹具的常用定位元件及夹紧元件的作用； 7. 机床典型夹具的结构特点； 8. 组合夹具的一般知识	5	
	4. 液压传动基础知识	1. 液压传动的工作原理； 2. 液压传动系统的组成特点及功能； 3. 液压传动的性质及选用知识； 4. 液体压力、流量、功率的计算方法	5	

（续表）

项目	鉴定范围	鉴定内容	鉴定比重	备注
专业知识	1. 复杂工件的划线与钻孔知识	1. 大型畸形工件划线的操作要点； 2. 各种群钻的构造特点、性能及应用； 3. 各种特殊孔（小孔、斜孔、深孔、多孔、相交孔和精密孔）的钻削要点； 4. 在合金工具钢工件上钻小孔、深孔的操作要点	8	
	2. 常用量具、量仪结构原理和使用方法	1. 测量误差的种类、产生原因及特点； 2. 常用精密量具、量仪的结构及工作原理； 3. 常用精密量具、量仪在夹具、模具制造中的作用；	7	
	3. 机床设备与模具制造工艺知识	1. 冷冲模成形的基本原理、加工特点，正确选用冲压设备； 2. 冷冲压工艺规程的编制； 3. 塑料的类型，塑料成形的主要方法； 4. 塑料成形设备的技术参数以及设备与模具的关系； 5. 压铸件的工艺要求及压铸模的结构特点； 6. 压铸机的类型、规格及选用； 7. 成形磨、电火花、线切割、数控车、数控铣及加工中心在模具制造中的应用； 8. 凸、凹模零件的各种加工方法	20	
	4. 夹具、模具的制造和装配知识	1. 装配的工艺过程及夹具、模具的装配知识； 2. 调整法、修配法、互换法在夹具、模具装配中的应用； 3. 凸模的各种固定方法； 4. 夹具及模具主要零件的加工方法； 5. 压印锉削的加工方法及凸、凹模配合加工顺序的选择； 6. 锻模的结构及加工方法； 7. 中空吹塑成型模具的结构特点及技术要求； 8. 组合夹具的一般装配步骤； 9. 冷冲模的类型及工作要点； 10. 冲裁模装配的基本要点和装配后的调试方法； 11. 弯曲、拉深模中凸、凹模的圆角半径和间隙对模具寿命的影响； 12. 塑料模、压铸模装配的基本要点及装配后的调试方法； 13. 压铸模的材料选用、制造方法及技术要求； 14. 精冲模的技术要求及特点	30	

（续表）

项目	鉴定范围	鉴定内容	鉴定比重	备注
相关知识	1. 相关工艺知识	1. 电气基本知识； 2. 起重安全知识； 3. 机械加工知识	5	
	2. 生产技术管理知识	1. 车间生产管理的基本内容，模具成本核算与估价； 2. 专业技术管理的基本内容	5	
技能要求			100	
操作技能	中级工操作技能	1. 在 100×50 的范围内锉削加工平面、曲面，尺寸公差 0.03 mm，表面粗糙度值为 MRR Ra1.6 μm； 2. 锯削 ϕ50 圆钢，尺寸公差 0.6 mm； 3. 錾削型腔中的特形面，尺寸公差 0.6 mm； 4. 根据工件材料和被加工孔的要求，刃磨钻头，在台钻、立钻、摇臂钻上加工各类孔，达到图样要求； 5. 在同一平面钻铰 3～5 个孔，尺寸公差等级 IT7，表面粗糙度值为 MRR Ra0.8 μm，位置度 ϕ0.15 mm； 6. 在凹模板（Cr12MoV）上划线，60 个孔均布，钻穿丝孔 ϕ1.2，尺寸公差等级 IT8，不得断钻头； 7. 复杂零件或畸形零件的划线； 8. 研磨导柱、导套孔，尺寸公差 0.005 mm； 9. 加工、装配高精度滚珠模架，精度 1 级； 10. 加工、装配小孔冲模，改进模具结构，提高模具寿命； 11. 手工雕刻各种数码、文字及标牌； 12. 制造、装配、调试或修理较复杂的模具、夹具； 13. 制造和改进级进模自动送料机构； 14. 制造、装配高精度的精冲模，符合技术要求	80	根据考试要求确定时间和相关条件，能按技术要求按时完成者可得满分
工具、量具及设备的使用与维护	1. 工具、量具的使用与维护	高精度工具、量具的使用及维护保养	5	
	2. 设备的使用与维护	正确使用、维护保养各类设备	5	
安全及其他	安全文明生产	1. 正确执行安全技术操作规程； 2. 按企业有关文明生产的规定，做到工作场地整洁，工件、工具摆放整齐	10	

5.3　高级模具钳工

5.3.1　工种定义

使用钳工工具及机床，从事模具（冷冲模、塑料模、压铸模等）的制造、装配、调试和修理的操作人员。

5.3.2　适用范围

各种工具、夹具和模具的制造、装配、调试和修理。

5.3.3　技术等级

高级模具钳工。

5.3.4　应知

(1) 各种精密量具、仪器的构造原理及各部分的作用。
(2) 各种极其复杂的工具、夹具、模具的加工和装配及质量检查与鉴定方法。
(3) 大型、畸形及重型工件的划线方法。
(4) 复杂工件的加工工艺。
(5) 数控机床的基本知识。
(6) 看懂机床电气原理图；分析液压系统，并能排除故障。
(7) 对模具精度和耐用度提出改进措施。
(8) 设计、制造先进的模具自动送料装置，提高生产效率的方法。
(9) 普通冲裁与精密冲裁的区别。

5.3.5　应会

(1) 设计复杂的各种冷作、热作模具（冷冲模、塑料模、压铸模等），编制加工工艺规程。
(2) 熟练掌握车、铣、刨、磨、电加工机床的操作技能，完成各种冷作、热作模具的加工、装配以及质量检查。
(3) 在冷冲模、塑料模、压铸模零件上手工雕刻各种凸字、凹字、图案、花纹，符合图样要求。

（4）用刻字机刻各种高难度的字符。

（5）设计、制造半圆形刻字刀和棱形刻字刀的刃磨夹具、滚压齿轮的分度夹具。

（6）在曲线磨床上刃磨棱形刻字刀，符合图样要求。

（7）应用、推广新技术、新工艺、新设备、新材料。

（8）对模具加工的疑难问题提出有效的解决方案。

（9）按照各种高难度模具的技术要求，改进工艺措施，设计先进的模具自动送料装置。

（10）设计、制造、装配精冲模具，符合技术要求。

5.3.6　鉴定要求

1. 适用对象

使用钳工工具及机床，从事模具的制造、装配、调试和修理的操作人员。

2. 申报条件

（1）文化程度：中专、大专毕业。

（2）现有技术等级证书（或资格证书）的级别：中级模具钳工等级证书。

（3）本工种的工作年限：8 年。大专毕业为 3 年，中专毕业为 5 年。

（4）身体状况：健康。

3. 考生与考评员比例

（1）知识：20：1。

（2）技能：5：1。

4. 鉴定方式

（1）知识：笔试。

（2）技能：实际操作。

5. 考试要求

（1）知识要求：考试时间 60～120 min（闭卷）；满分 100 分，60 分为及格。

（2）技能要求：按实际需要确定时间；满分 100 分，60 分为及格；根据考试要求自备工具。

5.3.7 鉴定内容

项目	鉴定范围	鉴定内容	鉴定比重	备注
知识要求			100	
基本知识	1. 液压传动知识	1. 常用液压泵的种类、工作原理及应用知识； 2. 液压控制阀的种类、工作原理及应用知识； 3. 液压辅助元件的种类及应用知识； 4. 常用液压元件的图形符号； 5. 液压基本回路的工作原理及在液压传动系统中的应用知识； 6. 液压系统常见故障	6	
	2. 机床电气控制知识	1. 常用低压电气的结构及其在控制电路中的作用； 2. 异步电动机电气控制的有关知识； 3. 直流电动机电气控制的有关知识	7	
	3. 机构与机械零件知识	1. 力学基础知识； 2. 常用机构（平面连杆、凸轮、齿轮、蜗轮、蜗杆、螺旋机构、齿条、带传动、链传动等）的基本知识； 3. 机械零件（螺纹连接、联轴器、离合器、轴、键、销、滑动轴承、滚动轴承、弹簧等）的结构、应用及简单计算知识	7	
专业知识	1. 精密量仪的结构原理和应用知识	1. 光学曲线磨床的结构及操作方法； 2. 万能工具显微镜的光学系统、结构及测量方法； 3. 投影仪的结构及测量方法	10	
	2. 精密夹具和高难度冷冲压模、型腔模的加工、装配知识	1. 精密夹具的装配要点； 2. 夹具的装配质量对使用寿命的影响； 3. 夹具的测量知识； 4. 冷冲模装配的基本要求及装配要点； 5. 冷冲模的特殊装配工艺； 6. 冷冲模试模时出现的问题及解决方法； 7. 塑料模装配的基本要求及装配要点； 8. 各种型腔模浇注系统、型腔、型芯的加工方法； 9. 塑料模、压铸模推出机构和抽芯机构的技术要求； 10. 塑料模、压铸模成型零件尺寸的计算方法及分型面的确定； 11. 塑料模、压铸模试模时出现的缺陷及解决方法； 12. 常用冲塑设备的技术参数； 13. 压力中心、冲裁力、锁模力、注射量的计算	60	

（续表）

项目	鉴定范围	鉴定内容	鉴定比重	备注
相关知识	提高劳动生产率的知识	1. 工时定额的组成； 2. 缩短机动时间的措施； 3. 缩短辅助时间的措施； 4. 模具成本的核算及报价	10	
技能要求			100	
操作技能	高级工操作技能	1. 在 100×50 的范围内锉削加工平面、曲面、型孔，尺寸公差 0.02 mm 以内，表面粗糙度值为 MRR Ra1.6 μm； 2. 按凸模压印锉配精冲模凹模，双面间隙 0.005 mm； 3. 錾削型腔模型腔中的特形面，尺寸公差 0.2 mm； 4. 在同一平面上钻铰 5～8 个孔，尺寸公差 IT7 级，表面粗糙度值为 MRR Ra0.8 μm，位置度 ϕ0.08； 5. 手工雕刻 6 号字体，字深 1.5 mm，凸、凹字配合，压印 0.2 mm 薄铜料，字体饱满，整齐美观，轮廓清晰； 6. 制造、装配高难度翻边模、拉深模、冷挤压模； 7. 制造、装配、修理三个以上工位的复杂级进模，并进行调整和试冲； 8. 使用低熔点合金、无机黏结技术黏结凸模； 9. 制造、装配、修理复杂的复合模、塑料模、压铸模等； 10. 熟练掌握车、铣、刨、磨等机床的操作技能，完成模具零件的加工； 11. 掌握模具常用材料的热处理操作方法	80	根据考试要求确定时间和相关条件，能按技术要求按时完成者可得满分
工具、量具、设备的使用与维护	1. 工具、量具的使用与维护	工具、量具的使用与维护保养	5	
	2. 设备的使用与维护	1. 各种相关辅助设备的维修、调整及验收； 2. 模具制造常用机床的正确操作与维护保养	5	
安全及其他	安全文明生产	1. 正确执行安全技术操作规程； 2. 按企业有关文明生产的规定，做到工作场地整洁，工件、工具摆放整齐	10	

附　录

附录 1　冲压模具常用材料及热处理要求

附表 1-1　冲模主要工作零件常用材料及热处理要求

模具类型	对凸、凹模的要求及使用条件	材料牌号	硬度要求（HRC）
冲裁模	板料厚度 $t \leqslant 3$ mm，形状简单，批量小的凸、凹模	T8A、T10A、9Mn2V	凸模 56～60 凹模 58～62
	板料厚度 $t > 3$ mm，形状复杂，批量大的凸、凹模	9SiCr、CrWMn Cr6WV、GCr15 Cr12、Cr12MoV	凸模 58～60 凹模 60～62
	要求凸、凹模的寿命很高或特高	W18Cr4V 12Cr4W2MoV W6Mo5Cr4V2	凸模 60～62 凹模 61～63
		CT35、CT33 TLMW50	66～68
		YG15、YG20	
	加热冲裁的凸、凹模	3Cr2W8V、CrNiMo	48～52
		6Cr4Mo3Ni2WV（CG2）	51～53
弯曲模	一般弯曲的凸、凹模及其镶块	T8A、T10A、9Mn2V	58～60
	形状复杂、要求耐磨的凸、凹模及其镶块	CrWMn、Cr6WV Cr12、Cr12MoV	58～62
	要求凸、凹模的寿命很高	CT35、TLMW50	64～66
		YG10、YG15	
	加热弯曲的凸、凹模	5CrNiMo、5CrMnMo	52～56

（续表）

模具类型	对凸、凹模的要求及使用条件	材料牌号	硬度要求（HRC）
拉深模	一般拉深的凸、凹模	T10A、9Mn2V	56～60
	形状复杂或要求高耐磨的凸、凹模	Cr12、Cr12MoV	58～62
	要求凸、凹模的寿命很高	YG10、YG15	
	变薄拉深的凸模	Cr12MoV	58～62
		CT35、TLMW50	64～66
	变薄拉深的凹模	Cr12MoV	60～62
		CT35、TLMW50	66～68
		YG10、YG15	
	加热拉深的凸、凹模	5CrNiMo、5CrNiTi	52～56
大型拉深模	中小批量生产的凸、凹模	QT600—3	197～269 HB
	大批量生产的凸、凹模	镍铬铸铁	40～45*
		钼铬铸铁	55～60*
		钼钒铸铁	50～55*

注：1. 选用碳素工具钢时，如工作零件要求具有一定的韧性，应避开 200～300 ℃回火，以免产生较大的脆性。

2. * 火焰表面淬火。

附表 1-2　冲模辅助零件常用材料及热处理要求

零件名称		材料牌号	硬度要求（HRC）
模座	中、小模具用	HT200、Q235	—
	受高速冲击，载荷特大时	ZG310－570、45	28～32（调质）
	滚动导向模架用	QT400－18、ZG310－570、45	—
	大型模具用	HT250、ZG310－570	—
导柱导套	大量生产模架用	20	58～62（渗碳淬火）
	单件生产模架用	T10A、9Mn2V	56～62
	滚动模架用	GCr15、Cr12	62～66
模柄	压入式、旋入式、槽形	Q235	—
	浮动式（包括压圈、球面垫块）	45	43～48
滚动模架用钢球保持圈		2A11、H62	—
定距侧刃		T10A、Cr6WV	56～60
		9Mn2V、Cr12	58～62
侧刃挡块		T8A	56～60
导正销		T8A、T10A	50～54
		9Mn2V、Cr12	52～56
挡料销、定位销、定位板侧压板、推杆、顶杆、顶板		45	43～48
卸料板、固定板、导料板		Q235、45	
垫板		45	43～48
		T7A	48～52
承料板		Q235	
废料切刀		T10A、9Mn2V	56～60
齿圈压板		Cr12MoV	58～60
压边圈	中小型拉深模用	T10A、9Mn2V	54～58
	大型拉深模用	钼钒铸铁	火焰表面淬火
模框、模套		Q235（45）	（28～32调质）

附录2　塑料模具常用材料及热处理要求

附表 2-1　塑料模具常用材料及热处理要求

零件类别	零件名称	材料牌号	硬度要求（HRC）
成型零件	型腔、型芯、螺纹型芯、螺纹型环、成型镶件、侧型芯、成型推杆等	45、40Cr	40～45
		CrWMn、9Mn2V	48～52
		Cr12、Cr12MoV	52～58
		3Cr2Mo	预硬态 35～45
		4Cr5MoSiV1	45～55
		30Cr13	45～55
		T8A、T10A	54～58
		20CrMnMo、20CrMnTi	渗碳 54～58
		CrMn2SiWMoV、Cr4W2MoV	54～58
		5CrMnMo、40CrMnMo	54～58
		3Cr2W8V、38CrMoAl	1 000 HV
模板零件	动、定模固定板，支承板、定位圈	45	28～32
	动、定模座板，垫块	45	28～32
		Q235	
	流道板、锥模套	45	43～48
浇注系统零件	浇口套	45	38～45
	浇口套、拉料杆、拉料套、分流锥	T8A、T10A	50～55
导向零件	导柱、推板导柱	T10A、GCr15	56～60
		20Cr	渗碳 56～60
	导套、推板导套	T10A、GCr15	52～56
		20Cr	渗碳 56～60
	限位导柱、导钉	T8A、T10A	50～55
抽芯机构零件	侧滑块、楔紧块、斜滑块	45、T8A、T10A	43～48
	斜导柱	T8A、T10A	54～58
		20Cr	渗碳 56～60

（续表）

零件类别	零件名称	材料牌号	硬度要求（HRC）
推出机构零件	推杆、推管、推块	4Cr5MoSiV1、3Cr2W8V	50～55
		T8A、T10A	50～54
	推件板	45、3Cr2Mo、4CrNiMo	28～32
	复位杆	T10A、GCr15	56～60
		45	43～48
	推板、推杆固定板	45	28～32
		Q235	

附录3 压力机技术参数

附表 3-1 几种开式压力机的主要技术参数

压力机型号		J23-3.15	J23-6.3	J23-10	J23-16F	JH23-25	JH23-40	JC23-63	J11-50	J11-100	JA11-250	JH21-80	JA21-160	J21-400A
公称压力/kN		31.5	63	100	160	250	400	630	500	1 000	2 500	800	1 600	4 000
滑块行程/mm		25	35	45	70	75	80	120	10～90	20～100	120	160	160	200
滑块行程次数/(次/min)		200	170	145	120	80	55	50	90	65	37	40～75	40	25
最大封闭高度/mm		120	150	180	205	260	330	360	270	420	450	320	450	550
封闭高度调节量/mm		25	35	35	45	55	65	80	75	85	80	80	130	150
立柱间距离/mm		120	150	180	220			350					530	896
喉深/mm		90	110	130	160	200	250	260	235	340	325	310	380	480
工作台尺寸/mm	前后	160	200	240	300	370	460	480	450	600	630	600	710	900
	左右	250	310	370	450	560	700	710	650	800	1 100	950	1 120	1 400
垫块尺寸/mm	厚度	30	30	35	40			90	80	100	150		130	170
	孔径	110	140	170	210			250	130	160				300
模柄孔尺寸/mm	直径	25	30	30	40	40	50	50	50	60	70	50	70	100
	深度	40	55	55	60	60	70	80	80	80	90	60	80	120
最大倾斜角/(°)		45	45	35	35	30	30	30						
电动机功率/kW		0.55	0.75	1.1	1.5	2.2	5.5	5.5	5.5	7	18.1	7.5	11.1	32.2
备注						需压缩空气	需压缩空气					需压缩空气		

附表 3-2 几种闭式压力机的主要技术参数

压力机型号		J31-100	JA31-160B	J31-250	J31-315	J31-400	JA31-630	J31-800	J31-1250	J36-160	J36-250	J36-400	J36-630
公称压力/kN		1 000	1 600	2 500	3 150	4 000	6 300	8 000	12 500	1 600	2 500	4 000	6 300
公称压力行程/mm			8.16	10.4	10.5	13.2	13	13	13	10.8	11	13.7	26
滑块行程/mm		165	160	315	315	400	400	500	500	315	400	400	500
滑块行程次数/（次/min）		35	32	20	20	16	12	10	10	20	17	16	9
最大装模高度/mm		445	375	490	490	710	700	700	830	670	590	730	810
装模高度调节量/mm		100	120	200	200	250	250	315	250	250	250	315	340
导轨间距离/mm		405	590	900	930		1 480	1 680	1 520	1 840	2 640	2 640	3 270
退料杆行程/mm				150		150							
工作台尺寸/mm	前后	620	790	950	1 100	1 200	1 500	1 600	1 900	1 250	1 250	1 600	1 500
	左右	620	710	1 000	1 100	1 250	1 700	1 900	1 800	2 000	2 780	2 780	3 450
滑块底面尺寸/mm	前后	300	560	850	960	1 000	1 400	1 500	1 560	1 050	1 000	1 250	1 270
	左右	360		980	910	1 230				1 980	2 540	2 550	3 200
工作台孔尺寸/mm		250×φ250	430×430			620×620							
垫板厚度/mm		125	105	140	140	160					160	185	190
模柄孔尺寸/mm	直径	65	75										
	深度	120											
备注			需压缩空气	需压缩空气	需压缩空气	备气垫	备气垫	备气垫	备气垫	备气垫	备气垫	备气垫	备气垫

附录4 注射机及液压机的技术参数

附表4-1 海天天翔 SA（天隆 MA）系列注射机的主要技术参数

装置	型号	600/100	600/150	900/260	1200/370	1600/540	2000/700	2500/1000	2800/1350	3200/1700	3800/2250	4700/2950	5300/4000
注射装置	螺杆直径/mm	22	26	32	36	40	45	50	55	60	65	70	80
	理论容量/cm³	38	66	121	173	253	334	471	618	792	1 068	1 424	2 212
	注射重量(PS)/g	35	60	110	157	230	304	429	562	721	972	1 296	2 013
	注射速率(PS)/g·s⁻¹	41(47)	53(60)	69(77)	89(95)	101(117)	131(148)	150(165)	215	277	281	337	448
	注射压力/MPa	266	236	219	210	215	210	215	219	213	211	207	180
	塑化能力(PS)/g·s⁻¹	4.6	6.3	9.9	11.3	13.9	18	21.6	26.6	33.7	38.2	44.9	58.7
	螺杆转速/r·min⁻¹	0~230(260)	0~230(260)	0~205(230)	0~190(205)	0~175(205)	0~160(180)	0~160(180)	0~215	0~220	0~185	0~155	0~130
合模装置	锁模力/kN	600	600	900	1 200	1 600	2 000	2 500	2 800	3 200	3 800	4 700	5 300
	移模行程/mm	270	270	320	360	430	490	540	590	640	700	780	850
	拉杆内距/mm	310×310	310×310	360×360	410×410	470×470	530×530	580×580	630×630	680×680	730×730	820×800	840×830
	最大模厚/mm	330	330	380	450	520	550	580	630	680	730	780	850
	最小模厚/mm	120	120	150	150	180	200	220	230	250	280	320	350
	定位孔直径/mm	100	100	125	125	125	160	160	160	160	160	200	200
	喷嘴球面半径/mm	10	10	10	10	10	10	10	10	10	15	15	15
	喷嘴孔直径/mm	2	2	3	3	3	3	3	3	3	4	4	4
	顶出行程/mm	70	70	100	120	140	140	150	150	160	180	200	220
	顶出力/kN	22	22	33	33	33	62	62	62	62	110	110	158
	顶出杆根数及顶出杆过孔直径/mm	1×φ80	1×φ80	1×φ80+4×φ28	1×φ100+4×φ28	1×φ100+4×φ28	1×φ100+8×φ38	1×φ100+8×φ38	1×φ100+12×φ38	1×φ100+12×φ38	1×φ100+12×φ38	1×φ120+12×φ58+12×φ38	1×φ120+4×φ58+12×φ38
其他	动定模板尺寸/mm	469×482	469×482	540×540	627×625	705×705	791×791	860×860	940×940	990×990	1 040×1 036	1 180×1 210	1 250×1 240
	最大油泵压力/MPa	16	16	16	16	16	16	16	16	16	16	16	16
	油泵马达/kw	7.5	7.5	11	13	15	18.5	22	30	37	37	45	55
	电热功率/kw	4.55	5.1	6.2	9.75	9.75	14.25	16.65	17.85	20.85	24.85	30.95	44.45
	外形尺寸/mm	3.68×1.13×1.75	3.68×1.13×1.75	4.32×1.23×1.84	4.80×1.26×1.94	5.15×1.35×1.99	5.63×1.58×2.06	6.1×1.67×2.15	6.43×1.83×2.06	6.9×1.91×2.08	7.36×1.96×2.15	8.16×2.13×2.28	9.23×2.2×2.66
	机器重量/t	2.3	2.5	3.46	4.6	5.3	6.9	8.3	11	13	15	19	26
	料斗容积/kg	25	25	25	25	25	25	50	50	50	50	50	100
	油箱容积/L	180(140)	180(140)	230(180)	280(205)	310(240)	440(340)	545(415)	705	730	750	900	1 040

注：1. 天隆 MA 系列与天翔 SA 系列注射机的主要技术参数大部分相同，带括号的数字与天翔 SA 系列的不同部分。

2. 每种型号的注射机根据螺杆直径分为 2~4 个品种（A~D），表中为 A 型系列的参数。

3. A 型螺杆直径最小，随着螺杆直径的增大，注射装置中的理论容量、注射速率、塑化能力增大，而注射压力减小，其余参数不变。

附表 4-2　常用液压机的技术参数

型号	特征	液压部分			活动横梁部分		顶出部分		
		公称压力/kN	回程压力/kN	工作液最大压力/MPa	动梁到工作台最大距离/mm	动梁最大行程/mm	顶出杆最大顶出力/kN	顶出杆最大回程力/kN	顶出杆最大行程/mm
YA71－45		441	59	31.4	750	250	118	34	175
Y32－50		490	103	19.6	600	400	74	37	150
YB32－63	上压式、框架结构、下顶出	617	130	24.5	600	400	93	46	150
LY32－63		617	186	24.5	600	400	176	98	13
YX32－100		980	490	31.4	650	380	196		165（自动）280（手动）
Y71－100*		980	196	31.4	650	380	196		165（自动）280（手动）
Y32－100		980	225	19.6	900	600	147	78	180
Y32－200		1 960	608	19.6	1 100	700	294	80	250
YB32－200	上压式、柱式结构、下顶出	1 960	608	19.6	1 100	700	294	147	250
YB71－250		2 450	1 225	29.4	1 200	600	333		300
SY－250**		2 450	1 225	29.4	1 200	600	333		300
Y32－300 YB32－300		2 950	392	19.6	1 240	800	294	80.4	250

* 动梁无四孔。

** 工作台上有三个顶出杆，动梁上有两孔。

附录5 模具零件毛坯机械加工余量

附录5.1 锻件毛坯最小机械加工余量

1. 矩形锻件毛坯最小机械加工余量（附图5-1）

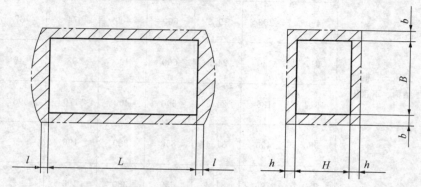

附图5-1 矩形锻件毛坯示意图

附表5-1 矩形锻件毛坯最小机械加工余量

工件截面尺寸 B/mm 或 H/mm	工件长度 L/mm							
	≤150		>150～300		>300～500		>500～750	
	加工余量 $2h$、$2l$ 及公差							
	$2b$ 或 $2h$	$2l$	$2b$ 或 $2h$	$2l$	$2b$ 或 $2h$	$2l$	$2b$ 或 $2h$	$2l$
≤25	4^{+8}_{0}	4^{+8}_{0}	4^{+8}_{0}	4^{+8}_{0}	4^{+8}_{0}	4^{+5}_{0}	4^{+4}_{0}	4^{+8}_{0}
>25～50	4^{+4}_{0}	4^{+4}_{0}	4^{+8}_{0}	4^{+8}_{0}	4^{+8}_{0}	4^{+6}_{0}	4^{+5}_{0}	5^{+8}_{0}
>50～100	4^{+4}_{0}	4^{+5}_{0}	4^{+4}_{0}	5^{+8}_{0}	4^{+4}_{0}	5^{+7}_{0}	5^{+8}_{0}	5^{+7}_{0}
>100～200	5^{+8}_{0}	4^{+5}_{0}	5^{+8}_{0}	5^{+7}_{0}	5^{+8}_{0}	8^{+8}_{0}	6^{+8}_{0}	8^{+8}_{0}
>200～350	5^{+8}_{0}	5^{+8}_{0}	6^{+8}_{0}	9^{+8}_{0}	6^{+8}_{0}	10^{+8}_{0}	—	—
>350～500	9^{+8}_{0}	10^{+8}_{0}	7^{+8}_{0}	13^{+10}_{0}	7^{+7}_{0}	13^{+10}_{0}	—	—

注：1. 表中余量不包括凸面、圆弧。
　　2. 应按照最大截面尺寸 B 或 H 选择余量。

2. 圆柱形锻件毛坯最小机械加工余量（附图 5-2）

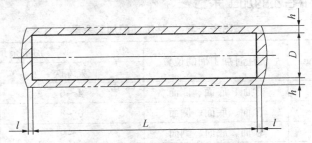

附图 5-2　圆柱形锻件毛坯示意图

附表 5-2　圆柱形锻件毛坯最小加工余量

工件直径 D/mm	工件长度 L/mm							
	≤30		>30~80		>80~180		>180~360	
	加工余量 2h、2l 及公差							
	2h	2l	2h	2l	2h	2l	2h	2l
18~30	—	—	—	—	$3^{+\delta}_0$	$3^{+\delta}_0$	$3^{+\delta}_0$	$3^{+\delta}_0$
>30~50	—	—	$3^{+\delta}_0$	$3^{+\delta}_0$	$3^{+\delta}_0$	$3^{+\delta}_0$	$3^{+\delta}_0$	$3^{+\delta}_0$
>50~80	—	—	$3^{+\delta}_0$	$3^{+\delta}_0$	$4^{+\delta}_0$	$4^{+\delta}_0$	$4^{+\delta}_0$	$4^{+\delta}_0$
>80~120	$4^{+\delta}_0$	$3^{+\delta}_0$	$4^{+\delta}_0$	$3^{+\delta}_0$	$4^{+\delta}_0$	$4^{+\delta}_0$	$4^{+\delta}_0$	$4^{+\delta}_0$
>120~150	$4^{+\delta}_0$	$4^{+\delta}_0$	$4^{+\delta}_0$	$4^{+\delta}_0$	$4^{+\delta}_0$	$5^{+\delta}_0$	—	—
>150~200	$4^{+\delta}_0$	$4^{+\delta}_0$	$4^{+\delta}_0$	$4^{+\delta}_0$	$5^{+\delta}_0$	$5^{+\delta}_0$	—	—
>200~250	$5^{+\delta}_0$	$4^{+\delta}_0$	$5^{+\delta}_0$	$4^{+\delta}_0$	—	—	—	—
>250~300	$5^{+\delta}_0$	$4^{+\delta}_0$	$6^{+\delta}_0$	5^{-5}_0	—	—	—	—
>300~400	7^{+7}_0	$5^{+\delta}_0$	8^{+7}_0	$6^{+\delta}_0$	—	—	—	—
>400~500	8^{+10}_0	6^{+8}_0	—	—	—	—	—	—

注：1. 表中余量不包括凸面、圆弧。

　　2. 表中长度方向的余量及公差不适用于锻造后再切断的坯料。

附录 5.2 铸件毛坯的加工余量

附表 5-3 铸件毛坯的加工余量

铸件的最大尺寸 L/mm	浇注时加工面的位置	加工余量/mm	
		灰铸铁	碳钢、低合金钢铸铁
≤500	顶面、底面、侧面	4～6	6～8
>500～800	顶面、底面、侧面	6～8	8～10
>80～1 250	顶面、底面、侧面	7～9	9～12
>1 250～2 000	顶面、底面、侧面	9～11	10～14
>2 000～3 150	顶面、底面、侧面	11～13	12～16

注：曲面加工余量可比表中数值适当增加 2～3 mm。

附录 5.3 热轧圆钢毛坯最小机械加工余量（附图 5-3）

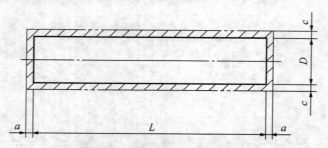

附图 5-3 热轧圆钢毛坯示意图

附表 5-4 热轧圆钢毛坯最小机械加工余量

工件直径 D/mm	工件长度 L/mm													
	≤50		>50～80		>80～150		>150～250		>250～400		>400～600		>600～900	
	加工余量 $2a$、$2c$													
	$2c$	$2a$	$2c$	$2a$	$2c$	$2a$	$2c$	$2a$	$2c$	$2a$	$2c$	$2a$	$2c$	$2a$
≤10	3.0	1.5	3.0	1.5	3.0	1.5	3.5	2.0	3.5	2.0	—	—	—	—
>10～18	3.0	1.5	3.0	1.5	3.0	1.5	3.5	2.0	4.0	2.0	4.0	2.0	4.5	2.0
>18～30	3.0	2.0	3.0	2.0	3.5	2.0	4.0	2.0	4.0	2.0	4.5	2.5	4.5	2.5
>30～50	3.5	2.0	3.5	2.0	3.5	2.0	4.0	2.5	4.5	2.5	4.5	2.5	5.0	3.0
>50～75	3.5	2.5	3.5	2.5	4.0	3.0	4.5	3.0	5.0	3.0	5.0	3.5	5.5	3.5

（续表）

工件直径 D/mm	工件长度 L/mm												
	≤50		>50～80		>80～150		>150～250		>250～400		>400～600		>600～900	
	加工余量 2a、2c												
	2c	2a	2c	2a	2c	2a	2c	2a	2c	2a	2c	2a	2c	2a
>75～100	4.0	3.0	4.0	3.0	4.0	3.5	4.5	3.5	5.0	3.5	6.0	4.0	6.0	4.0
>100～150	4.0	3.5	4.0	3.5	4.0	4.0	5.5	4.0	6.0	4.5	6.0	4.5	6.5	5.0
>125～150	4.0	4.0	4.0	4.0	5.0	4.5	6.0	4.5	6.0	5.0	6.0	5.0	—	—

注：1. 表中数值适用于淬火工件，若工件不需车去脱碳层，则直径余量可减少20%～25%。

2. 决定毛坯直径应根据国家的产品规格，选择相近的尺寸。

附录5.4 气割毛坯机械加工余量

附表 5-5 气割毛坯机械加工余量

工件（板材）厚度 δ/mm	工件外形长度 L/mm 或直径 D/mm			内孔 d/mm
	≤100	>100～250	>250～630	
	单面余量及公差			
≤25	3±1	3.5±1	4±1	5±1
>25～50	4±1	4.5±1	5±1	7±2
>50～100	5±1	5.5±1	6±2	10±2

附录6   初、中、高级模具钳工考试样题及参考答案

附录6.1   初级模具钳工考试样题

初级模具钳工知识要求试题

1. 是非题（是画 √ ，非画 × ，画错倒扣分；每题2分，共40分）

（1）常用的硬度指标有洛氏硬度，其符号是 HRC。 （   ）

（2）碳的质量分数高于 2.11% 的铁碳合金称为钢。 （   ）

（3）淬火是将钢件加热到临界点以下的温度，保温一段时间，然后在盐水或油中急冷下来获得马氏体组织的一种工艺。 （   ）

（4）表面粗糙度的表面形状波距小于 1 mm。 （   ）

（5）精密平板 1 级精度最高。 （   ）

（6）砂轮机的搁架和砂轮间的距离一般应保持在 1 mm 以内。 （   ）

（7）錾削铸铁平面快到另一头时，应调头錾去余下部分，这样可避免工件边缘崩裂。 （   ）

（8）攻螺纹时螺纹底孔直径必须与内螺纹的小径尺寸一致。 （   ）

（9）研磨量规的侧面，要采用直线研磨运动轨迹。 （   ）

（10）轴用量规的止规是检验轴的最小极限尺寸。 （   ）

（11）形位公差就是限制零件的形状误差。 （   ）

（12）在发生中性线不接地的单相触电时，导线越长，其危险越大。 （   ）

（13）复合模冲裁件的毛刺在同一方向上。 （   ）

（14）冲裁件小批量生产时允许毛刺高度为钢板厚度的 1%～2%。 （   ）

（15）弯曲 V 形件时，凸、凹模的间隙是由压力机的闭合高度来控制的。 （   ）

（16）确定冲裁件合理间隙的方法只有理论确定法。 （   ）

（17）落料和冲孔正常情况下双边间隙为冲裁件材料厚度的 1%～2%。 （   ）

（18）定位零件的安装应先夹紧后定位。 （   ）

（19）铰孔时注入切削液的主要目的是以冷却为主。 （   ）

（20）模具中销钉与销钉孔的配合属基轴制。 （   ）

2. 选择题 （将正确答案序号填入空格内，每题2分，共40分）

(1) 一般砂轮的线速度为_____ m/s。

a. 25　　　　　　　b. 35　　　　　　　c. 40　　　　　　　d. 80

(2) 在铸件毛坯表面上划线时，可使用_____涂料。

a. 晶紫　　　　　b. 硫酸铜溶液　　　c. 白石灰水　　　　d. 蓝油

(3) 一般取铆钉的直径为铆接板料厚度的_____倍。

a. 1.0　　　　　　b. 1.2　　　　　　　c. 1.5　　　　　　　d. 1.8

(4) 标准中心钻的锋角是_____。

a. 60°　　　　　　b. 90°　　　　　　　c. 118°　　　　　　d. 120°

(5) 标准麻花钻头的顶角是_____。

a. 60°　　　　　　b. 75°　　　　　　　c. 118°　　　　　　d. 120°

(6) 铰孔的加工精度可达_____。

a. IT12～IT10　　b. IT10～IT8　　　c. IT9～IT7　　　　d. IT8～IT6

(7) 攻铸铁材料的螺纹时可采用_____作切削液。

a. 煤油　　　　　b. 机油　　　　　　c. 菜油　　　　　　d. 乳化液

(8) 粗刮平面至（25×25的面积上）_____个研点时方可进入细刮。

a. 8～10　　　　　b. 6～8　　　　　　c. 4～6　　　　　　d. 2～4

(9) 研磨量具测量面的研具常用_____制成。

a. 铜　　　　　　b. 灰铸铁　　　　　c. 球墨铸铁　　　　d. 低碳钢

(10) 下列量具中_____的结构设计符合阿贝原则。

a. 游标卡尺　　　b. 千分尺　　　　　c. 卡钳　　　　　　d. 百分表

(11) 被测要素遵守_____原则时，其实际状态遵守的理想边界为最大实体边界。

a. 总体　　　　　b. 包容　　　　　　c. 法定　　　　　　d. 基体

(12) 黄铜加入铅的作用是为了改善黄铜的_____。

a. 切削加工性能　b. 力学性能　　　　c. 铸造性能　　　　d. 耐磨性

(13) 液压系统中压力大小决定于_____。

a. 油泵额定压力　b. 负载　　　　　　c. 油泵流量　　　　d. 减压阀的液压力

(14) 钢板因变形中部凸起，为恢复平直必须采用_____法进行矫正。

a. 扭转　　　　　b. 弯曲　　　　　　c. 延展　　　　　　d. 伸长

(15) 钻孔时钻出的孔径大于规定尺寸的原因之一是_____。

a. 切削液选择不当　b. 进给量太大　　c. 钻头后角太大　　d. 钻头摆动

(16) 冷冲模模架上平面与下平面的平行度一般为_____。

a. 0.02/300 mm　b. 0.08/300 mm　　c. 0.12/300 mm　　d. 0.15/300 mm

(17) 复合模孔边与外形、孔与孔之间最小壁厚一般不能小于冲裁材料的_____倍。

a. 1　　　　　　　b. 1.5　　　　　　　c. 2　　　　　　　d. 5

(18) 导正销在板料厚度小于_____的情况不适合使用。

a. 2 mm　　　　　b. 1.5 mm　　　　　c. 1 mm　　　　　d. 0.5 mm

(19) 弯曲是材料产生_____变形。

a. 塑性　　　　　　b. 韧性　　　　　　c. 弹性　　　　　　d. 应力

(20) 整修余量不能太大，通常在_____之间。

a. 1～1.5 mm　　　b. 1～1.25 mm　　　c. 0.25～0.5 mm　　　d. 0.05～0.12 mm

3. **计算题** (每题 5 分, 共 10 分)

(1) 如附图 6-1 所示，已知 $L = 71.45$ mm，圆柱 $D = 10$ mm，$\alpha = 50°$，求 B 值。

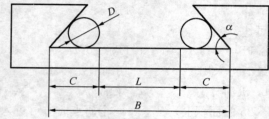

附图 6-1

(2) 如附图 6-2 所示，在不考虑中性层偏移的情况下，求弯曲件的展开长度。

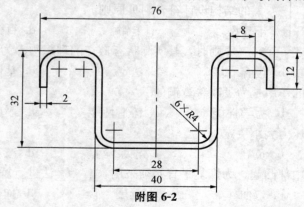

附图 6-2

4. **简答题** (每题 5 分, 共 10 分)

(1) 冲裁件断面的结构有哪些？画图标注。

(2) 搭边的作用是什么？搭边过大、过小对冲裁有什么影响？

初级模具钳工技能要求试题

1. 燕尾样板锉配（附图 6-3）

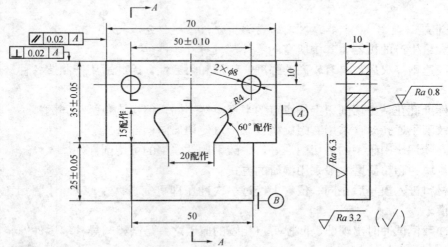

技术要求：

1. 两孔对上部零件的对称度为 0.05。

2. 中间凸起部分对下部零件的对称度为 0.05。

附图 6-3 燕尾样板锉配

锉配技术要求：

（1）钳工锯割下料，錾切、锉配加工。

（2）工件正反向配合间隙不大于 0.05 mm。

（3）锐角倒钝。

2. 试题考核要求

（1）考核内容

①尺寸公差、形位公差、表面粗糙度值应达到图样要求；

②图样中未注公差按 IT14～IT12 规定；

③不准使用砂布打光加工面。

（2）工时定额 6 h。

（3）安全文明生产

①能正确执行安全技术操作规程；

②能按企业有关文明生产的规定，做到工作场地整洁，工件、工具摆放整齐。

附录6.2 中级模具钳工考试样题

中级模具钳工知识要求试题

1. **是非题**（是画 √ ，非画×，画错倒扣分；每题2分，共40分）

（1）大量生产的机器，其中所有的零件都具有互换性。　　　　　　　　（　　）

（2）高速钢淬火后，具有较高的强度、韧性和耐磨性，因此适用于制造各种结构复杂的刀具。　　　　　　　　　　　　　　　　　　　　　　　　　　　（　　）

（3）标准麻花钻主切削刃上任意点的半径虽然不同，但螺旋角是相同的。　　（　　）

（4）铰削不通孔时，采用右螺旋槽铰刀，可使切屑向柄部排出。　　　　（　　）

（5）高碳钢比中碳钢的可切削性好，中碳钢比低碳钢的可切削性好。　　（　　）

（6）量块的超精研磨一般采用湿研的方式。　　　　　　　　　　　　（　　）

（7）材料进入模具后在同一位置上经过一次冲压即可完成两个或两个以上工位的模具，称为级进模。　　　　　　　　　　　　　　　　　　　　　　　　　（　　）

（8）冲裁模试冲时出现凸、凹模刃口相咬的原因之一是凸模与导柱等零件安装不垂直。　　　　　　　　　　　　　　　　　　　　　　　　　　　　　　（　　）

（9）常用的钨钴钛类硬质合金有 YG3X、YG6、YG8 三种。　　　　　（　　）

（10）弯曲模的凸模圆角半径直接影响制件质量，通常应小于材料允许的最小弯曲半径。　　　　　　　　　　　　　　　　　　　　　　　　　　　　　（　　）

（11）拉深模工作时，为防止制件卡紧在凸模上难脱模，通常在凸模上钻有较大通气孔，凹模下部钻小孔，以便制件拉深后从凸模上脱下，防止制件随凸模上升。　（　　）

（12）拉深凹模与拉深凸模的型面直径差的一半叫拉深间隙。　　　　（　　）

（13）钳工修锉冲裁模的凸、凹模型面时，常采用压印修锉法。　　　（　　）

（14）电火花加工是直接利用电能对所有的材料进行加工。　　　　　（　　）

（15）偏心式冲床主要适用于冲裁和压延工作。　　　　　　　　　　（　　）

（16）电火花线切割加工时，工件与脉冲电流的正极相接。　　　　　（　　）

（17）弯制 U 形制件时，其凸、凹模的间隙是通过调整压力机的闭合高度来控制的。　　　　　　　　　　　　　　　　　　　　　　　　　　　　　（　　）

（18）塑料模的冷料穴一般在主流道和分流道中端设置。　　　　　　（　　）

（19）压铸机开模后铸件应能顺利取出，因此要求压铸机的最小开模距离减去模具总厚度留有取出铸件的距离。　　　　　　　　　　　　　　　　　　　　　（　　）

（20）铣床上的刻字铣刀是半圆铣刀，锋角一般为 $30°\sim60°$。　　（　　）

2. **选择题**（将正确答案序号填入空格内，每题 2 分，共 40 分）

(1) 研磨螺纹环规的研具常用_____制成，其螺纹应经过磨削加工。

a. 高碳钢   b. 低碳钢

c. 球墨铸铁   d. 铝

(2) 用校对样板检验工件样板时常采用_____。

a. 覆盖法   b. 光隙法

c. 间接测量法   d. 综合测量法

(3) 原始平板应采用_____平板，用互刮互研的方法同时刮削。

a. 两块   b. 三块

c. 四块   d. 五块

(4) 冲压后使材料以封闭轮廓分离，得到平整的零件的模具为_____。

a. 切断模   b. 切口模

c. 落料模   d. 冲孔模

(5) 压边圈能预防板料在拉深过程中产生_____现象。

a. 振动   b. 松动

c. 变形   d. 起皱

(6) 热锻模的模槽中常钻有通气孔，其位置最好是_____。

a. 水平   b. 垂直向上

c. 与水平成 $45°$ d. 与水平成 $60°$

(7) 冷冲模模座的上下平面必须严格保持平行，平行度误差不超过_____。

a. 0.01/100 mm   b. 0.015/100 mm

c. 0.01/300 mm   d. 0.02/300 mm

(8) 负间隙精冲法凸模刃口与凹模刃口不能接触，即应保持_____mm 的距离。

a. 0.1~0.2   b. 0.2~0.3

c. 0.3~0.4   d. 0.4~0.5

(9) 研磨后的工件表面粗糙度可达_____。

a. MRR $Ra0.4\ \mu m$～MRR $Ra0.05\ \mu m$

b. MRR $Ra0.8\ \mu m$～MRR $Ra0.4\ \mu m$

c. MRR $Ra1.6\ \mu m$～MRR $Ra0.8\ \mu m$

d. MRR $Ra3.2\ \mu m$～MRR $Ra1.6\ \mu m$

(10) 设计凹模时多孔凹模刃口之间的距离一般不小于_____mm。

a. 1   b. 2

c. 3   d. 5

(11) 复合模设计凸凹模时，应充分注意其外形与孔之间的最小壁厚，一般不能小于冲裁材料厚度的_____倍。

a. 1　　　　　　　　　　　　　　b. 1.5

c. 3　　　　　　　　　　　　　　d. 5

(12) 侧刃沿送料方向的断面尺寸一般与步距相等，但在导正销与侧刃兼用的级进模中，侧刃这一尺寸最好比步距大_____mm。

a. 0.5～0.8　　　　　　　　　　b. 0.3～0.4

c. 0.2～0.3　　　　　　　　　　d. 0.05～0.10

(13) 通常注射机的实际注射量最好在最大注射量_____以内。

a. 100%　　　　　　　　　　　　b. 90%

c. 80%　　　　　　　　　　　　　d. 70%

(14) 压缩模加料腔其容积应保证装入所用的塑料后还留有_____mm 的空间，以防止压制时塑料溢出模外。

a. 1～2　　　　　　　　　　　　b. 3～4

c. 5～10　　　　　　　　　　　　d. 10～15

(15) 压缩模凸、凹模配合环间隙，一般取其单边间隙 $\delta=$_____mm。

a. 0.05～0.1　　　　　　　　　　b. 0.1～0.2

c. 0.2～0.3　　　　　　　　　　　d. 0.3～0.4

(16) 注射机固定模板定位孔与模具定位圈按_____间隙配合。

a. H7/f7　　　　　　　　　　　　b. H8/f7

c. H8/f8　　　　　　　　　　　　d. H9/f9

(17) 通常情况下塑料模脱模斜度为_____。

a. 30′～1°30′　　　　　　　　　b. 1°～2°

c. 2°30′～3°　　　　　　　　　　d. 3°～3°30′

(18) 冷挤压时挤压件常用_____钢材。

a. 合金工具钢　　　　　　　　　b. 高碳钢

c. 中碳钢　　　　　　　　　　　d. 低碳钢

(19) 磨削高速钢刀具时应选用_____砂轮。

a. 棕钢玉　　　　　　　　　　　b. 白钢玉

c. 黑色碳化硅　　　　　　　　　d. 绿色碳化硅

(20) 塑料模型腔凹字深度一般在_____mm 左右。

a. 0.5　　　　　　　　　　　　　b. 1

c. 1.5　　　　　　　　　　　　　d. 2

3. **计算题**（每题 5 分，共 10 分）

(1) 已知工件轴向尺寸如附图 6-4 所示，计算 A、B 表面之间的尺寸 N 应为多少。

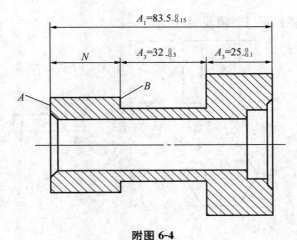

附图 6-4

(2) 如附图 6-5 所示，翻边零件 $D_1 = 80$ mm，$D = 70$ mm，$h = 10$ mm，$r = 4$ mm，$t = 2$ mm。试求其冲制前毛坯零件 d 及 H 的大小。

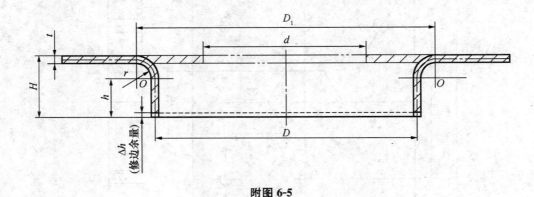

附图 6-5

4. **简答题**

(1) 复合模顺装、倒装各有什么特点？

(2) 选择模具分型面时，通常应遵循哪些基本原则？

中级模具钳工技能要求试题

1. 正六方凸、凹模锉配（附图 6-6）

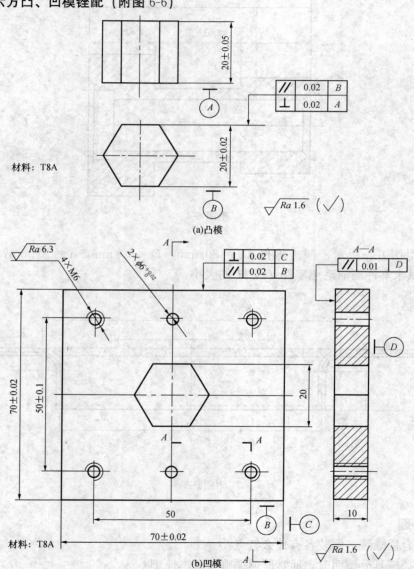

材料：T8A

(a)凸模

(b)凹模

材料：T8A

附图 6-6　正六方形凸、凹模

（1）正六方凸模技术要求。

锯割 $\phi25\times22$ 圆棒料，锉削加工，保证图样要求。

（2）正六方凹模技术要求。

①锯割板料尺寸为 $72\times72\times10$；两平面用平面磨床磨削，四个侧面钳工锉削加工。

②钳工划线、钻孔、铰孔、攻螺纹、锉配凹模型孔，保证与凸模双面间隙 0.02 mm。

③凸模与凹模换向后各边间隙均匀。

2. 试题考核要求

（1）考核内容。

①尺寸公差、形位公差、表面粗糙度应达到图样要求。

②图样中未注公差按 IT14～IT12 规定。

③不准使用砂布打光加工面。

（2）工时定额：8 h。

（3）安全文明生产。

①能正确执行安全技术操作规程。

②能按企业有关文明生产的规定，做到工作场地整洁，工件、工具摆放整齐。

附录6.3 高级模具钳工考试样题

高级模具钳工知识要求试题

1. 是非题（是画 √ ，非画 ×，画错倒扣分；每题 2 分，共 40 分）

（1）在万能工具显微镜上使用影像法或轴切法，可以精确地测量螺纹各要素和轮廓形状复杂工件的长度、角度、半径等。　　　　　　　　　　　　　　　　　　（　　）

（2）平直度检查仪是根据光学自准原理设计制造的。　　　　　　　　　　（　　）

（3）冲裁间隙太大会造成冲裁件剪断面光亮带太宽，甚至出现双亮带及毛刺。（　　）

（4）拉深模的拉深间隙太小将使拉深件起皱。　　　　　　　　　　　　　（　　）

（5）拉深件底面不平的调整方法之一是在凸、凹模上增加出气孔。　　　　（　　）

（6）安装冷冲模时，压力机滑块的高度应根据冷冲模的高度进行调整。　　（　　）

（7）装配冷冲模时，只要冲裁间隙大小满足图样要求的公差范围，就可以认为间隙调整工作完成。　　　　　　　　　　　　　　　　　　　　　　　　　　　（　　）

（8）在精密夹具的装配调整中，为满足装配精度，应正确选择补偿件，一般常选最先装配的零件为补偿件。　　　　　　　　　　　　　　　　　　　　　　　　（　　）

（9）大型工件划线时，应尽量选定精度要求较高的面或主要加工面作为第一划线位置，

主要是为了减少划线的尺寸误差和简化划线过程。 （　　）

（10）只要改变输入电动机定子绕组的电源相序，就可以实现电动机的正反转。 （　　）

（11）摇臂钻床摇臂升降是由电气单独控制的。 （　　）

（12）宽砂轮或多片砂轮磨削大多是采用切入磨削法工作的。 （　　）

（13）精刮表面质量显示点的标准是在 25×25 范围内的接触点达 20～25 点以上。 （　　）

（14）小孔冲模为防止凸模折断，小凸模上常加护套。 （　　）

（15）取出塑件所需的开模距离必须小于注射机的最大开模行程。 （　　）

（16）一般抽心距等于成型塑件的孔深或凸台高度另加 20～30 mm 的安全系数。 （　　）

（17）组合式螺纹型环适用于精度要求很高的细牙螺纹的成型。 （　　）

（18）塑料模在试模时，原则上选择低压、低温和较长时间的条件下成型。 （　　）

（19）压铸模试模时，铝的熔点温度过高会产生溢边和气孔。 （　　）

（20）压印模凸字的淬火硬度为 64～68 HRC。 （　　）

2. 选择题（将正确答案序号填入空格内，每题 2 分，共 40 分）

（1）冲裁模试冲时凹模被涨裂的原因是_____。
a. 冲裁间隙太小　　　　　　　b. 凹模有正锥现象
c. 冲裁间隙不均匀　　　　　　d. 凹模孔有倒锥现象

（2）弯曲模试冲时冲压件弯曲部位产生裂纹的原因之一是_____。
a. 模具间隙太小　　　　　　　b. 板料塑性差
c. 凹模内壁及圆角表面粗糙　　d. 弯曲力太大

（3）拉深模试冲时拉深件拉深高度不够的原因之一是_____。
a. 毛坯尺寸太大　　　　　　　b. 拉深间隙太大
c. 凸模圆角半径太小　　　　　d. 压料力太大

（4）无机黏结剂黏结时被粘零件的单面配合间隙取_____mm 为宜。
a. 0.1～0.2　　　b. 0.3～0.5　　　c. 0.3～0.8　　　d. 0.3～1

（5）环氧树脂黏结剂黏结零件的温度应_____。
a. 低于 150 ℃　　b. 高于 150 ℃　　c. 低于 100 ℃　　d. 高于 100 ℃

（6）低熔点合金黏结时，零件浇注合金部位用砂纸打磨后，应用_____进行清洗。
a. 水剂清洗剂　　b. 香蕉水　　　c. 汽油　　　d. 甲苯

（7）夹具装配精度，主要是由各个相关元件配合面之间的_____保证的，其中也包括两配合面的接触面积的大小和接触点的分布。
a. 制造精度　　　b. 位置精度　　　c. 配合精度　　　d. 测量精度

（8）畸形件划线时，为便于找正，选择工件安置基面应与_____一致。
a. 设计基准面　　b. 加工基准面　　c. 装配基准面　　d. 大面、平直的面

(9) 斜面自锁条件是斜面倾角_____摩擦角。

a. 大于　　　　　　　b. 小于　　　　　　　c. 大于或等于　　　　d. 小于或等于

(10) 珩磨时珩磨头上砂条有_____运动。

a. 一种　　　　　　　b. 两种　　　　　　　c. 三种　　　　　　　d. 四种

(11) 研磨后工件尺寸精度可达_____mm。

a. 0.000 5~0.001　　b. 0.005~0.001　　c. 0.005~0.01　　d. 0.005~0.02

(12) 为改善金属的组织和可加工性，通常将零件进行退火或正火处理，一般安排在_____进行。

a. 加工前　　　　　　b. 粗加工后　　　　　c. 半加工后　　　　　d. 精加工后

(13) 激光被聚焦后，焦点处的温度可达_____左右。

a. 1 000 ℃　　　　　b. 3 000 ℃　　　　　c. 5 000 ℃　　　　　d. 10 000 ℃

(14) 压铸模成型零件常用_____。

a. 45　　　　　　　　b. T8A　　　　　　　c. CrWMn　　　　　　d. 3Cr2W8V

(15) 型腔模滑块与导滑槽一般采用_____。

a. H7/f7　　　　　　b. H8/f8　　　　　　c. H9/f8　　　　　　d. H9/f9

(16) 瓣合式凹模中模套与哈夫模的斜面斜度为_____。

a. 1°~2°　　　　　　b. 3°~5°　　　　　　c. 8°~10°　　　　　d. 10°~15°

(17) 斜导柱的斜角值一般为_____。

a. 5°~10°　　　　　b. 10°~15°　　　　　c. 15°~20°　　　　d. 20°~25°

(18) 模具温度要求在_____以上时，塑料模应设置加热装置。

a. 50 ℃　　　　　　b. 80 ℃　　　　　　c. 100 ℃　　　　　　d. 150 ℃

(19) 注射成型时，推杆端面一般应高出型腔或型芯表面_____mm。

a. 0.05~0.1　　　　b. 0.1~0.2　　　　　c. 0.2~0.3　　　　　d. 0.3~0.4

(20) 模具上的凸字一般采用_____。

a. 手工雕刻　　　　　b. 机械加工　　　　　c. 电火花加工　　　　d. 照相制版腐蚀

3. 设计题（10 分）

设计如附图 6-7 所示塑件的单型腔双分型面注射模，画出结构简图。

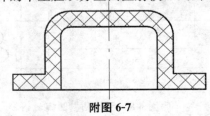

附图 6-7

4. 简答题（每题 5 分，共 10 分）

（1）精冲模与普通冲模的区别是什么？

（2）什么叫抽芯时的干涉现象？如何消除？

高级模具钳工技能要求试题

1. 锉配手轮凸、凹模（附图 6-8）

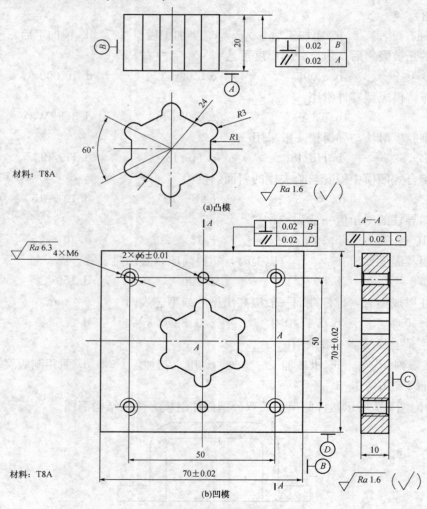

附图 6-8　手轮凸、凹模

（1）凸模技术要求。

锯割 $\phi32\times22$ 圆棒料，锉削加工，符合图样要求。

（2）凹模技术要求。

①锯割板料尺寸为 $72\times72\times10$；两平面用平面磨床磨削；四个侧面钳工锉削。

②钳工划线、钻孔、铰孔、攻螺纹、锉配凹模型孔，保证与凸模双面间隙 0.02 mm。

③凸模与凹模换向后各边间隙均匀。

2. 试题考核要求

（1）考核内容。

①尺寸公差、形位公差、表面粗糙度应达到图样要求。

②图样中未注公差按 IT14～IT12 规定。

③不准使用砂布打光加工面。

（2）工时定额 10 h。

（3）安全文明生产。

①能正确执行安全技术操作规程。

②能按企业有关文明生产的规定，做到工作场地整洁，工件、工具摆放整齐。

附录6.4　模具钳工知识要求试题参考答案

初级模具钳工知识要求试题参考答案

1. 是非题

(1) √　　(2) ×　　(3) ×　　(4) √　　(5) ×　　(6) ×

(7) √　　(8) ×　　(9) ×　　(10) √　　(11) ×　　(12) √

(13) √　　(14) √　　(15) √　　(16) ×　　(17) ×　　(18) ×

(19) ×　　(20) ×

2. 选择题

(1) b　　(2) c　　(3) d　　(4) a　　(5) c　　(6) c

(7) a　　(8) c　　(9) d　　(10) b　　(11) b　　(12) a

(13) b　　(14) c　　(15) d　　(16) a　　(17) b　　(18) d

(19) a　　(20) d

3. 计算题

(1) 解：$B = L + D\left(1 + \cot\dfrac{\alpha}{2}\right) = [71.45 + 10\,(1 + \cot 25°)]\,\text{mm} \approx 102.90\ \text{mm}$

(2) 解：$A = \pi\left(R + \dfrac{\delta}{2}\right)\dfrac{\alpha}{180} = \pi\left(4 + \dfrac{2}{2}\right)\dfrac{90}{180}\,\text{mm} \approx 7.85\ \text{mm}$

$L = [2\times(12-4-2) + 2\times8 + 2\times(32-4-2-4-2) + 28 + 6\times7.85]\,\text{mm} = 143.1\ \text{mm}$

4. 简答题

(1) 答：冲裁件断面的特征主要由圆角带、光亮带、断裂带、毛刺四部分组成。如附图6-9所示。

(2) 答：搭边的作用是补偿定位误差，使被加工后的条料具有一定的刚度，以保证零件质量和制造方便。搭边过大，浪费材料；搭边过小，冲裁时易翘曲或拉断，不仅会增大冲裁件毛刺，有时还会拉入凸、凹模间隙中，破坏模具刃口，降低模具寿命。

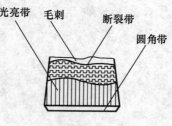

附图6-9

中级模具钳工知识要求试题参考答案

1. 是非题

(1) × 　(2) √ 　(3) × 　(4) √ 　(5) × 　(6) × 　(7) ×

(8) √ 　(9) × 　(10) × 　(11) √ 　(12) √ 　(13) √ 　(14) ×

(15) √ 　(16) √ 　(17) √ 　(18) × 　(19) × 　(20) ×

2. 选择题

(1) c 　(2) b 　(3) b 　(4) c 　(5) d 　(6) b 　(7) d

(8) a 　(9) a 　(10) d 　(11) b 　(12) d 　(13) c 　(14) c

(15) a 　(16) d 　(17) a 　(18) d 　(19) b 　(20) a

3. 计算题

(1) 解：① 画出尺寸链图如附图 6-10 所示

A、B 表面间尺寸 N 为封闭环且为减环

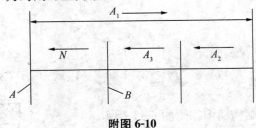

附图 6-10

② $N_{max} = A_{1max} - A_{2min} - A_{3min} = [83.5 - (25 - 0.1) - (32 - 0.3)]mm = 26.9\ mm$

$N_{min} = A_{1min} - A_{2max} - A_{3max} = [(83.5 - 0.15) - 25 - 32]mm = 26.35\ mm$

③ 验算 $\delta_N = \delta_{A1} + \delta_{A2} + \delta_{A3} = (0.15 + 0.1 + 0.30)\ mm = 0.55\ mm$

$\delta_N = N_{max} - N_{min} = (26.9 - 26.35)\ mm = 0.55\ mm$

答：A、B 表面之间的尺寸为 $26.35 \sim 26.9\ mm$。

(2) 解：$d = D_1 - \pi\left(r + \dfrac{t}{2}\right) - 2h = \left[80 - \pi\left(4 + \dfrac{2}{2}\right) - 2 \times 10\right]mm \approx 44.3\ mm$

$H = \dfrac{D-d}{2} + 0.43r + 0.72t = \left[\dfrac{70 - 44.3}{2} + 0.43 \times 4 + 0.72 \times 2\right]mm = 16.01\ mm$

4. 简答题

(1) 答：倒装复合模，生产效率高，制造简单。当凸凹模壁厚要求较大。顺装时，冲孔废料用推杆或推板推出，在凸凹模内不积聚废料，因此顺装复合模的凸凹模壁厚度小于倒装

复合模。当凸凹模壁厚较薄时，采用顺装。

（2）答：选择模具分型面时，通常应遵循以下原则。

①有利于塑件成型，便于塑件的脱模。

②有利于侧向分型与抽芯。

③有利于保证塑件的质量。

④有利于防止溢料。

⑤有利于排气。

高级模具钳工知识要求试题参考答案

1. 是非题

(1) √　(2) √　(3) ×　(4) ×　(5) √　(6) ×　(7) ×

(8) ×　(9) ×　(10) √　(11) ×　(12) √　(13) ×　(14) √

(15) √　(16) ×　(17) ×　(18) √　(19) √　(20) ×

2. 选择题

(1) d　(2) b　(3) c　(4) a　(5) c　(6) d　(7) b

(8) a　(9) d　(10) c　(11) b　(12) a　(13) d　(14) d

(15) b　(16) c　(17) c　(18) b　(19) a　(20) a

3. 设计题

解：双分型面注射模结构简图如附图6-11所示。

4. 简答题

（1）答：精冲模工作部分结构与普通冲裁弹压卸料模相似，所不同的是压板带齿形凸梗，落料凹模带小圆角（冲孔时凸模带小圆角）、间隙较小，压料力和反顶力大，从而使剪切区材料处于三向压应力状态，消除了该区的拉应力，阻止了材料的微裂产生及扩展，避免了弯曲、拉深和宏观断裂现象，因而可使材料在不产生断裂面的情况下剪切分离，达到精冲的目的。

（2）答：侧型芯的水平投影与推杆相重合，或推杆的推出距离大于侧型芯的底面时，若仍采用复位杆复位，则可能会产生推杆与侧型芯相干涉的现象。因为这种复位形式，滑块可能先于推杆复位，致使侧型芯或推杆损坏。为了避免这一现象，在模具结构允许的情况下，应尽量避免推杆与侧型芯的水平投

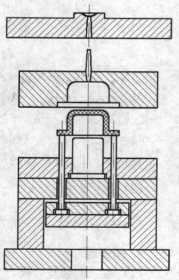

附图6-11

影相重合，或使推杆的推出距离小于侧型芯的底面，或调整斜导柱的斜角使推杆先于侧型芯复位。如果上述措施都无法绝对避免推杆与侧型芯相干涉的现象，应采用推出机构先复位机构。

参 考 文 献

[1] 机械工业职业技能鉴定指导中心．工具钳工技能鉴定考核试题库．北京：机械工业出版社，2004.

[2] 冯炳尧，韩泰荣，蒋文森．模具设计与制造简明手册．上海：上海科学技术出版社，2001.

[3] 韩森和．模具钳工训练．北京：高等教育出版社，2008.

[4] 欧阳德祥．塑料成型工艺与模具结构．北京：机械工业出版社，2008.

[5] 韩森和．冲压工艺与模具设计．北京：高等教育出版社，2006.

[6] 成　虹．冲压工艺与模具设计．北京：高等教育出版社，2006.

[7] 孙凤勤．冲压与塑压设备．北京：机械工业出版社，2010.

[8] 屈华昌．塑料成型工艺与模具设计．北京：高等教育出版社，2007.

[9] 翁其金．冲压工艺与冲模设计．北京：机械工业出版社，2011.

[10] 高晓康，陈于萍．互换性与技术测量．北京：高等教育出版社，2009.

[11] 彭建声．冷冲模制造与修理．北京：机械工业出版社，2000.

[12] 刘建超，张宝忠．冲模设计与制造．北京：高等教育出版社，2009.

[13] 郭铁良．模具制造工艺．北京：高等教育出版社，2009.

[14] 朱正心．机械制造技术．北京：机械工业出版社，2010.

[15] 邵守立．模具制造技术．北京：高等教育出版社，2008.

[16] 刘　航．模具制造技术．北京：机械工业出版社，2011.